高职高专"十二五"规划教材

Web 应用开发技术

主　编　向模军
副主编　方莉英　王　宏

北 京

冶金工业出版社

2015

内 容 提 要

本书共分 7 个项目，分别介绍了 HTML 标记语言、CSS 层叠样式、ASP 运行环境搭建、VBScript 脚本语言、ASP 内置对象、ASP 存取访问数据库、ASP 高级程序设计等实用内容。

本书既可作为中、高职院校计算机及其他相关专业"网页设计与网站建设"、"动态网页设计"、"Web 应用开发技术"等课程的教材或参考书，也可作为其他各类、各层次学历教育和短期培训的教材，还可供网页后台代码编写人员参考。

本书配有教学课件，可供选用。

图书在版编目(CIP)数据

Web 应用开发技术／向模军主编．—北京：冶金工业出版社，2015.8

高职高专"十二五"规划教材

ISBN 978-7-5024-6961-0

Ⅰ.①W… Ⅱ.①向… Ⅲ.①网页制作工具—程序设计—高等职业教育—教材 Ⅳ.①TP393.092

中国版本图书馆 CIP 数据核字(2015)第 149977 号

出 版 人 谭学余
地 址 北京市东城区嵩祝院北巷 39 号 邮编 100009 电话 (010)64027926
网 址 www.cnmip.com.cn 电子信箱 yjcbs@cnmip.com.cn
责任编辑 俞跃春 陈慰萍 美术编辑 吕欣童 版式设计 葛新霞
责任校对 郑 娟 责任印制 李玉山
ISBN 978-7-5024-6961-0
冶金工业出版社出版发行；各地新华书店经销；固安华明印业有限公司印刷
2015 年 8 月第 1 版，2015 年 8 月第 1 次印刷
787mm×1092mm 1/16；8.5 印张；204 千字；127 页
20.00 元

冶金工业出版社 投稿电话 (010)64027932 投稿信箱 tougao@cnmip.com.cn
冶金工业出版社营销中心 电话 (010)64044283 传真 (010)64027893
冶金书店 地址 北京市东四西大街 46 号(100010) 电话 (010)65289081(兼传真)
冶金工业出版社天猫旗舰店 yjgycbs.tmall.com
(本书如有印装质量问题,本社营销中心负责退换)

前　言

随着互联网技术的不断发展和普及，以及互联网＋理念的提出，利用网站展示、宣传成为趋势。因此，构建互联网站、开发网络应用程序已经成为当前的热门技术之一。

ASP（Active Server Page）是微软公司推出的一款动态网页开发技术。它可以与数据库和其他程序进行交互，是一种简单、方便的编程工具，现在常用于各种动态网站中。

本书以培养实用技能为出发点，精选内容和案例，采用案例驱动的编写模式，结合编者多年的教学和编程开发与网站管理经验，从初学者角度出发，由浅入深，通过具体的应用实例，详细介绍了 HTML 标记语言、CSS 层叠样式、ASP 运行环境搭建、VBScript 脚本语言、ASP 内置对象、ASP 存取访问数据库、ASP 高级程序设计等实用内容。

本书的编写恰逢四川机电职业技术学院建设"国家骨干高职院校"的大好契机，编者多次与省内诸多知名示范校的计算机教育专家、企事业单位的专家进行研讨，对高职院校 Web 应用开发技术的教学内容进行深入分析和提炼，力争让学生学习完本书后能够"零距离"地"上岗"，具备实实在在的Web 应用开发综合应用能力。

本书由向模军担任主编，方莉英、王宏担任副主编，董其维、陈荣、曾文莲参加编写。其中董其维编写项目 1，陈荣编写项目 2，向模军编写项目 3、项目 5、项目 7，方莉英、曾文莲共同编写项目 4、项目 6，全书由王宏核稿、统稿。

本书配套的教学课件读者可从冶金工业出版社官网（http://www.cnmip.com.cn）教学服务栏目中下载。

本书在编写过程中，得到了四川机电职业技术学院领导、信息工程系全体教师的大力支持和帮助，在此深表感谢。

由于编者水平和经验所限，书中不妥之处，恳请读者批评指正。

编　者
2015 年 3 月

目　录

项目1 使用 HTML 制作网页

1.1 项目描述

HTML（Hyper Text Mark-up Language，超文本标记语言或超文本链接标示语言）是一种制作万维网页面的标准语言，它是目前网络上应用最为广泛的语言，也是构成网页文档的主要语言，它消除了不同计算机之间信息交流的障碍。

HTML 文件是由 HTML 命令组成的描述性文本，HTML 命令可以说明文字、图形、动画、声音、表格、链接等。HTML 文件的结构包括头部（Head）、主体（Body）两大部分，其中头部描述浏览器所需的信息，而主体则包含所要说明的具体内容。

网络浏览器，如 Netscape Navigator 或 Microsoft Internet Explorer，能够解释 HTML 文件来显示网页，这是网络浏览器的主要作用。使用浏览器在互联网上浏览网页时，浏览器软件就自动完成 HTML 文件到网页的转换。

随着网络技术的发展，HTML 也在不断地演化。2014 年 10 月 29 日，万维网联盟经过几乎 8 年的艰辛努力，最终制定完成了 HTML 5 标准规范。HTML 5 的设计目的是为了在移动设备上支持多媒体，在互联网应用迅速发展的时候，使网络标准达到符合当代的网络需求，为桌面和移动平台带来无缝衔接的丰富内容。

本项目使用记事本制作一系列由简到繁的网页，使学生逐步掌握 HTML 网页的元素特性以及 html 网页的制作方法。

1.2 创建一个简单的 HTML 文档

启动"记事本"程序，输入如下内容：

```
<html>
<head>
<meta http-equiv = " Content-Type" content = " text/html; charset = gb2312" />
<title>这是标题部分</title>
</head>
<body>
这是网页内容部分。
<! -- 这是注释部分,不会在浏览器中显示-->
</body>
</html>
```

将文件保存为 1 – 1. htm，如图 1 – 1 所示。

图 1 – 1 保存 1 – 1. htm 文件

一个简单的网页已经创建，用 Web 浏览器打开 1 – 1. htm 文件，如图 1 – 2 所示。

图 1 – 2 用浏览器打开 HTML 文档

打开网页显示如图 1 – 3 所示。

从文件 1 – 1. htm 可以看出，一个 HTML 文档（网页）内容包含两种类型的文本内容：一种是用尖括号包围的文本，称为 HTML 标签，比如 < html >、< body >、</html > 等；另一种是用于向用户展示其内容的纯文本。浏览器不会显示 HTML 标签，而是使用标签来解释页面的内容。

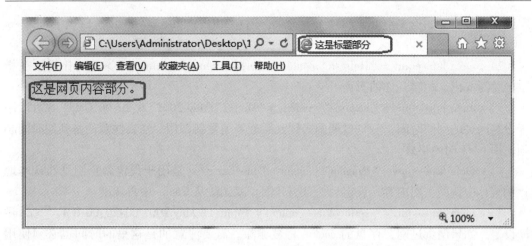

图 1-3　浏览器解析 HTML 文档

（1）HTML 标签使用规则。

1）HTML 标记标签通常被称为 HTML 标签（HTML tag）。

2）HTML 标签是由尖括号包围的关键词，比如 < html >。

3）HTML 标签通常是成对出现的，比如 < b > 和 </b>。

4）标签对中的第一个标签是开始标签，第二个标签是结束标签。开始和结束标签也被称为开放标签和闭合标签。

5）标签中可以包含其他标签，比如 < p > … < span > … </span> … </p>。

（2）< html > 标签。从文件 1-1. htm 可以看出，< html > 和 </html> 之间部分是网页的全部内容。浏览器在读取网页时，从 < html > 开始解释，直到 </html> 为止。< html > </html> 标签不能省略，一个网页文件中必须要有一对 HTML 标签。

（3）< head > 标签。从文件 1-1. htm 可以看出，< head > 和 </head> 之间部分是网页的头部，头部内容一般用来向浏览器申明网页需要使用的脚本语言、字符编码方式、浏览器如何处理将要加载的数据等，因此头部中的文本内容不会在浏览器中显示。< head > </head> 标签不能省略，一个网页文件中必须要有一对 head 标签。

（4）< meta > 标签。从文件 1-1. htm 可以看出，< meta > 标签位于 < head > </head> 之间，用来描述一个 HTML 网页文档的属性，它提供的信息虽然用户不可见，但却是网页文档的最基本的元信息。< meta > 除了提供网页文档字符集、使用语言、作者等基本信息外，还涉及对关键词和网页等级的设定。

合理利用 < meta > 标签的属性在有关搜索引擎注册、搜索引擎优化排名等网络营销方法中非常重要。< meta > 标签可分为两大部分：HTTP-EQUIV 和 NAME 变量。下面简单介绍一些搜索引擎营销中常见的 < meta > 标签的组成及其作用。

HTTP-EQUIV 用于向浏览器提供一些说明信息，从而浏览器可以根据这些说明做出反应。HTTP-EQUIV 其实并不仅仅只有说明网页的字符编码这一个作用，它还可以说明网页到期时间、默认的脚本语言、默认的风格页语言、网页自动刷新时间等。

1）< meta http-equiv = "Content-Type" content = "text/html"；charset = gb_2312-80" > 和 < meta http equiv = "Content-Language" content = "zh-CN" > 用以说明主页制作所使用的文

字以及语言；又如英文是 ISO-8859-1 字符集，还有 BIG5、utf-8、shift-Jis、Euc、Koi8-2 等字符集。

2）< meta http-equiv = " Refresh" content = " n;url = http://yourlink" > 定时让网页在指定的时间 n 内，跳转到你的页面。

3）< meta http-equiv = " Expires" content = " Mon,12 May 2001 00:20:00 GMT" > 可以用于设定网页的到期时间，一旦过期则必须到服务器上重新调用。需要注意的是到期时间必须使用 GMT 时间格式。

4）< meta http-equiv = " Pragma" content = " no-cache" > 是用于设定禁止浏览器从本地机的缓存中调阅页面内容，设定后一旦离开网页就无法从 Cache 中再调出。

5）< meta http-equiv = " set-cookie" content = " Mon,12 May 2001 00:20:00 GMT" > cookie 设定，如果网页过期，存盘的 cookie 将被删除。需要注意的是这里的时间也必须使用 GMT 时间格式。

6）< meta http-equiv = " Pics-label" content = "" > 网页等级评定，在 IE 的 internet 选项中有一项内容设置，可以防止浏览一些受限制的网站，而网站的限制级别就是通过 meta 属性来设置的。

7）< meta http-equiv = " windows-Target" content = " _top" > 强制页面在当前窗口中以独立页面显示，可以防止自己的网页被别人当作一个 frame 页调用。

8）< meta http-equiv = " Page-Enter" content = " revealTrans(duration = 10, transition = 50)" > 和 < meta http-equiv = " Page-Exit" content = " revealTrans(duration = 20, transition = 6)" > 设定进入和离开页面时的特殊效果，这个功能即 FrontPage 中的" 格式/网页过渡"，不过所加的页面不能够是一个 frame 页面。

9）< meta name = " author" content = " 李冰" > 标注网页的作者是李冰。

NAME 一般用于向搜索引擎提供网页内容的简要说明。例如：

< meta name = " description" content = " 网络营销教学网站提供《网络营销基础与实践》教学支持：网络营销课件，网络营销论文，网络营销实验教学，电子商务论文，网络营销与电子商务书籍等" >

< meta name = " description" content = " 网络营销：图书：电子商务" / >

" description" 中的 content = " 网页描述"，是对一个网页概况的介绍，这些信息可能会出现在搜索结果中，因此需要根据网页的实际情况来设计，尽量避免与网页内容不相关的描述，另外，最好对每个网页有自己相应的描述（至少是同一个栏目的网页有相应的描述），而不是整个网站都采用同样的描述内容，因为一个网站有多个网页，每个网页的内容肯定是不同的，如果采用同样的 description，显然会有一些网页内容没有直接关系，这样不仅不利于搜索引擎对网页的排名，也不利于用户根据搜索结果中的信息来判断是否点击进入网站获取进一步的信息。

与 < meta > 标签中的 "description" 类似，"Keywords" 也是用来描述一个网页的属性，只不过要列出的内容是 "关键词"，而不是网页的介绍。这就意味着，要根据网页的主题和内容选择合适的关键词。在选择关键词时，除了要考虑与网页核心内容相关之外，还应该是用户易于通过搜索引擎检索的，过于生僻的词汇不太适合做 < meta > 标签中的关键词。关于 < meta > 标签中关键词的设计，要注意不要堆砌过多的关键词，罗列大量关键词对于搜索引擎检索没有太大的意义，对于一些热门的领域（也就是说同类网站数量较多），其至可能起到副作用。

（5）注释标签。注释标签<！--……>用于在源代码中插入注释。注释不会显示在浏览器中，如文件 1-1. htm 和图 1-3 所示。用户可使用注释对网页中的代码或内容进行解释，这样做有助于在以后的时间对代码和内容的编辑，当用户编写了大量代码时尤其有用。

（6）<title>标签。从文件 1-1. htm 可以看出，<title>标签可定义文档的标题。<title>标签位于<head>标签中。浏览器会以特殊的方式来使用标题，并且通常把它放置在浏览器窗口的标题栏或状态栏上，如图 1-4 所示。同样，当把文档加入用户的链接列表或者收藏夹或书签列表时，标题将成为该文档链接的默认名称。

（7）<body>标签。如文件 1-1. htm 和图 1-3 所示，body 标签定义了网页上显示的主要内容与显示格式，是整个网页的核心，浏览器窗口中所能显示的内容全部被包含在该标签中。一个网页文档中必须有一对 body 标签。

1.3　使用标题和段落

启动"记事本"程序，输入图 1-4 所示的内容。保存文件名为 1-2. htm。

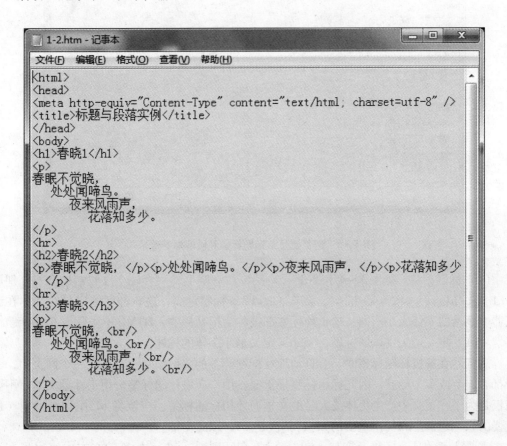

图 1-4　使用标题标签和段落标签

打开 1 – 2. htm，网页显示如图 1 – 5 所示。

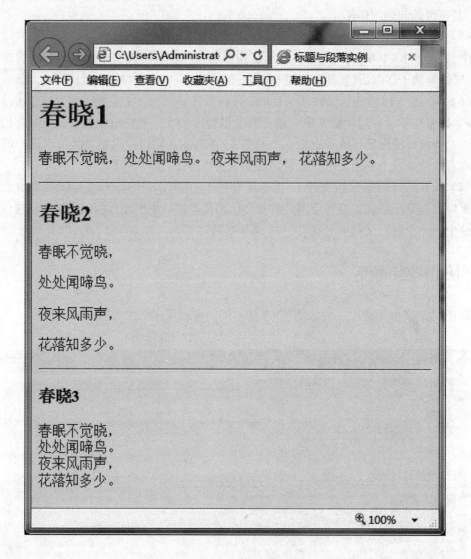

图 1 – 5　浏览器显示标题标签和段落标签效果

（1）标题标签。如图 1 – 4 和图 1 – 5 所示，"春晓 1"、"春晓 2"、"春晓 3"分别用 < h1 > </h1 > 、< h2 > </h2 > 、< h3 > </h3 > 标签定义，这 3 种标签定义的文本在浏览器中显示的字体大小不同，这 3 种标签都被称为标题标签，HTML 中实际有 6 种标题标签，< h1 > 定义最大字体的标题，< h6 > 定义最小字体的标题。

　　浏览器在解析标题标签时，会自动地在标题标签的前后添加空行。在一个网页中，一般都有 1 个或多个标签，因此标题标签很重要。用户应将标题标签只用于标题文本。不要仅仅是为了在正文中产生粗体或大号的文本而使用标题标签。应该将 h1 用作主标题（最重要的），其后是 h2（次重要的），再其次是 h3，以此类推。

　　需要注意的是，标题标签与 < title > 标签有区别：< title > 标签的文本内容出现在浏览器窗口标题栏内，而标题标签出现在浏览器网页内容内。

（2）段落标签。如图1-4和图1-5所示，浏览器会自动地在段落标签＜p＞…＜/p＞的前后添加空行。需要注意的是，浏览器解析HTML文档时，会省略了HTML文档代码中的文本排版内容，例如空格和换行等。因此如想浏览器显示网页时能够显示空格、换行等效果，需要在HTML文档中加入一些具有排版作用的标签，段落标签就是具有分段换行排版作用的标签。

（3）折行标签。＜br /＞是折行标签，如图1-4和图1-5所示，浏览器会自动在折行标签＜br /＞后换行。需要注意的是＜br /＞标签是一个空的HTML元素。由于关闭标签没有任何意义，因此它没有结束标签。＜br /＞标签主要用于希望在不产生一个新段落的情况下进行换行（新行）的情景。

（4）水平分割线标签。＜hr＞标签在HTML页面中创建一条水平线。水平分隔线（horizontal rule）可以在视觉上将文档分隔成各个部分。

1.4 使用列表

启动"记事本"程序，输入图1-6所示内容。保存文件名为1-3.htm。

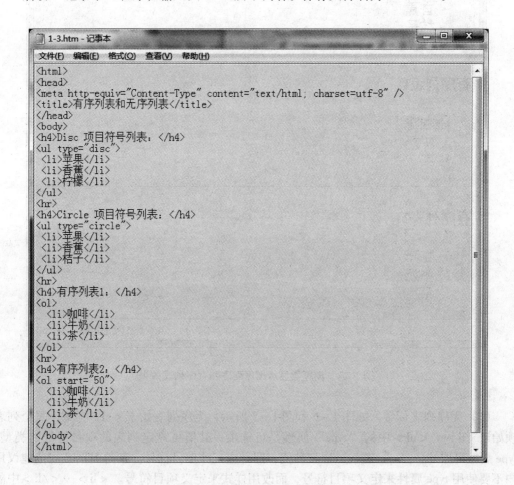

图1-6 使用无序列表和有序列表标签

打开 1 – 3. htm，网页显示如图 1 – 7 所示。

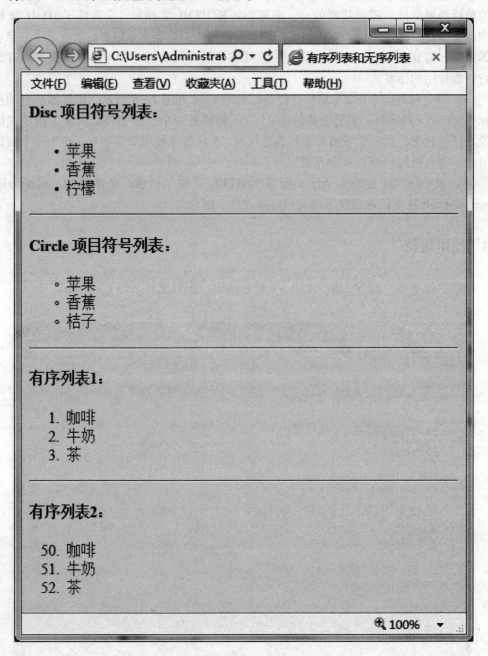

图 1 – 7 浏览器显示无序列表和有序列表效果

（1）无序列表标签。如图 1 – 6 和图 1 – 7 所示，无序列表始于 < ul > 标签，每个列表项始于 < li >。< ul > 中的“type”属性是可选项，其值可规定列表的项目符号的类型，type 属性可取 disc、square、circle 三种值，即对应三种项目符号。新的 HTML 规范建议用户不要使用 type 属性来定义项目符号，而改用样式来定义项目符号。< li >…< /li > 中的内容不限于文本，也可以是其他的 HTML 标签。

（2）有序列表标签。如图 1 - 6 和图 1 - 7 所示，有序列表项目使用数字进行标记。有序列表始于 < ol > 标签，每个列表项始于 < li > 标签。< ol > 中的"start"属性是可选项，缺省时数字序号从 1 开始。< li > … < /li > 中的内容不限于文本，也可以是其他的 HTML 标签。

1.5　使用超链接和图像

启动"记事本"程序，输入图 1 - 8 所示内容。保存文件名为 1 - 4. htm。

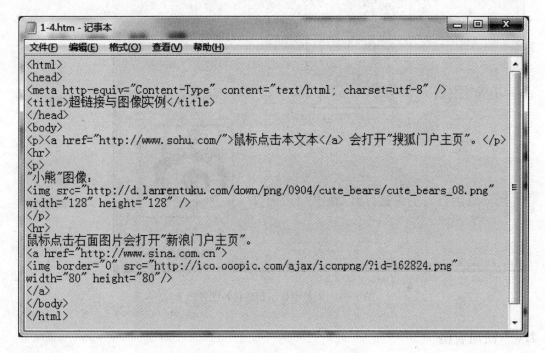

图 1 - 8　使用超链接和图像标签

打开 1 - 4. htm，网页显示如图 1 - 9 所示。

（1）超链接标签。链接标签能够使本网页文档与网络上的另一个文档相连。几乎可以在所有的网页中找到链接。点击链接可以从一张页面跳转到另一张页面。

如图 1 - 8 和图 1 - 9 所示，超链接可以是一个字、一个词、或者一组词，也可以是一幅图像，用户可以点击这些内容来跳转到新的文档或者当前文档中的某个部分。当把鼠标指针移动到网页中的某个链接上时，箭头会变为一只小手。HTML 文档中使用 < a > 标签在 HTML 中创建链接，href 属性的内容不会显示在浏览器中，href 属性定义指向另一个文档的超链接 url 地址。< a > … < /a > 之间的内容为超链接描述，这部分内容会显示在浏览器中。

（2）图像标签。如图 1 - 8 和图 1 - 9 所示，在 HTML 中，图像由 < img > 标签定义，< img > 是空标签，意思是说，它只包含属性，并且没有闭合标签。要在页面上显示图像，需要使用 src 属性。src 指"source"，即源属性。源属性的值是图像的 url 地址。

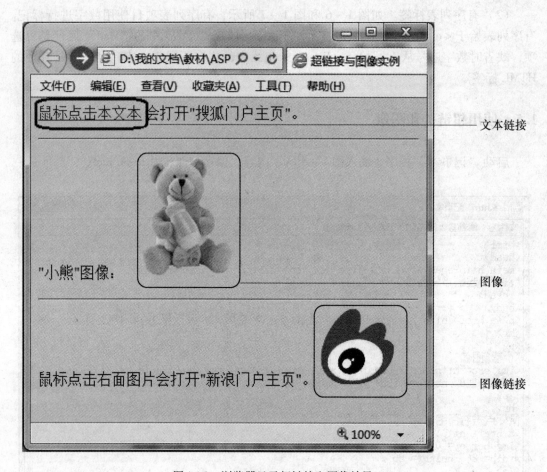

图 1 – 9　浏览器显示超链接和图像效果

1.6　使用表格

启动"记事本"程序，输入图 1 – 10 所示内容。保存文件名为 1 – 5. htm。

打开 1 – 5. htm，网页显示如图 1 – 11 所示。

如图 1 – 10 和图 1 – 11 所示，表格由 < table > 标签来定义。每个表格均有若干行（由 < tr > 标签定义），每行被分割为若干单元格（由 < td > 标签定义）。字母 td 指表格数据（table data），即数据单元格的内容。数据单元格可以包含文本、图片、列表、段落、表单、水平线、表格等内容。

< table > 中的 order 是定义表格边框线粗细的属性，值越大线越粗。如果没有 order 属性，表格将不显示边框。

< table > 中的 cellspacing 是定义数据单元格之间距离的属性，值越大数据单元格之间的间距越大。

< td > 中的 rowspan 是定义行方向合并数据单元格数量的属性，如图 1 – 11 中的数字"5"所在位置合并了 2 个行方向的数据单元格。colspan 是定义列方向合并数据单元格数量的属性，如图 1 – 11 中的"小熊"图标所在位置合并了 2 个列方向的数据单元格。

```
1-5.htm - 记事本
文件(F) 编辑(E) 格式(O) 查看(V) 帮助(H)
<html>
<head>
<meta http-equiv="Content-Type" content="text/html; charset=utf-8" />
<title>表格实例</title>
</head>
<body>
<table border="1">
<tr>  <td>100</td> <td>200</td> <td>300</td>  </tr>
<tr>
  <td><a href="http://www.sohu.com">搜狐</a></td>
  <td><a href="http://www.sina.com.cn">新浪</a></td>
  <td><a href="http://www.163.com">网易</a></td>
</tr>
<tr>
  <td><img border="0" src="http://ico.ooopic.com/ajax/iconpng/?id=162824.png"
width="30" height="30"/></td>
  <td colspan="2"><img
src="http://d.lanrentuku.com/down/png/0904/cute_bears/cute_bears_08.png"
width="60" height="30" /></td>
</tr>
<tr>  <td>1</td> <td rowspan="2">5</td>  <td>2</td>  </tr>
<tr>  <td>3</td>  <td>4</td>  </tr>
</table>
<hr>
<table border="1" cellspacing="0">
<tr>  <td>aaa</td>  <td>bbb</td>  <td>ccc</td>  </tr>
<tr>  <td>ddd</td>  <td>eee</td>  <td>fff</td>  </tr>
</table>
</body>
</html>
```

图 1-10 使用表格标签

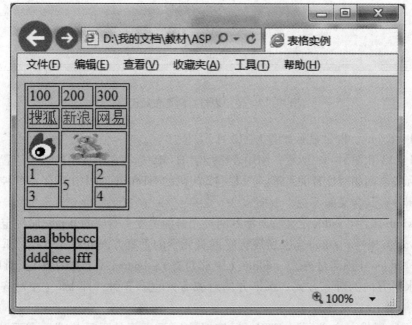

图 1-11 浏览器显示表格效果

1.7　使用表格对网页布局

　　启动"记事本"程序，输入图 1－12 所示内容。保存文件名为 1－6. htm。

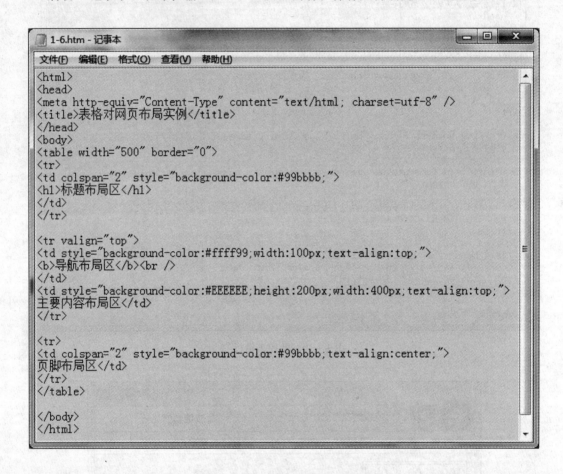

图 1－12　使用表格对网页布局代码

　　打开 1－6. htm，网页显示如图 1－13 所示。

　　如图 1－12 和图 1－13 所示，利用表格控制 HTML 标签在网页中的显示位置、显示区域大小、标签之间相对位置关系等。图 1－12 代码的 HTML 标签中出现了一些控制标签显示方式的属性，其含义如下：

　　（1）width 属性。width 定义所属标签网页元素的宽度。对应的 height 属性定义高度。

　　（2）valign 属性。valign 定义所属标签网页元素的垂直方向的对齐方式。垂直对齐方式有 3 种，即 top（顶部对齐）、middle（中部对齐）、bottom（下部对齐）。对应的 align 属性定义水平方向的对齐方式。水平方向对齐方式也有 3 种，即 left（左对齐）、center（中对齐）、right（右对齐）。

　　（3）style 属性。定义所属 HTML 标签对应网页元素的显示样式，需要注意的是，style 属性中有许多样式参数，图 1－12 涉及的参数有 background-color（背景颜色）、

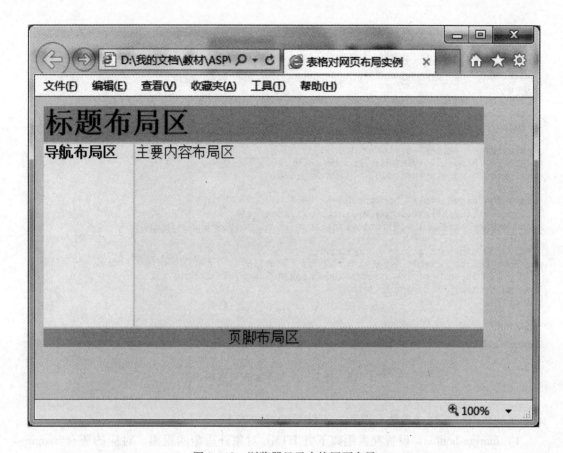

图 1-13 浏览器显示表格网页布局

height（高度）、width（宽度）和 text-align（文本对齐方式）。

1.8 使用 DIV 标签对网页布局

启动"记事本"程序，输入图 1-14 所示内容。保存文件名为 1-7. htm。

打开 1-7. htm，网页显示如图 1-13 所示。

如图 1-14 和图 1-13 所示，将 DIV 标签作为"容器"，"包裹"其他 HTML 标签，通过控制各个 DIV 在网页中的相对位置、大小等，实现网页布局，如 HTML 标签在网页中的显示位置、显示区域大小，标签之间相对位置关系等。DIV 标签属于"块"元素，即默认情况下 DIV 在网页中显示是会在其前后自动分行，与其他元素形成上下布局关系。可修改 DIV 的 style 属性，使其能够与其他元素形成左右布局关系。相对于表格布局，DIV 布局更容易理解，网页设计更容易。图 1-14 代码的 HTML 标签中出现了一些控制标签显示方式的属性，其含义如下：

（1）id 属性。id 定义所属 HTML 标签一个"身份标识"。一般同一个 html 文档中每一个 id 的值都应该是彼此不同的。

（2）style 属性。定义所属 HTML 标签对应网页元素的显示样式，需要注意的是，

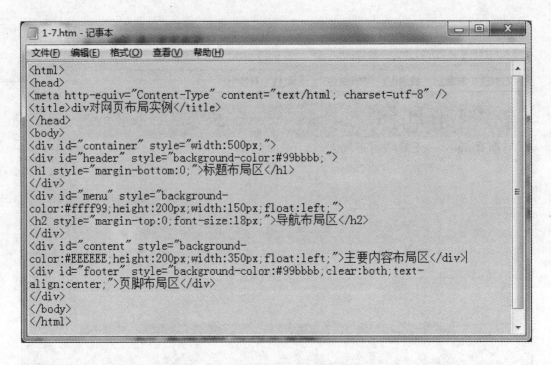

```
<html>
<head>
<meta http-equiv="Content-Type" content="text/html; charset=utf-8" />
<title>div对网页布局实例</title>
</head>
<body>
<div id="container" style="width:500px;">
<div id="header" style="background-color:#99bbbb;">
<h1 style="margin-bottom:0;">标题布局区</h1>
</div>
<div id="menu" style="background-
color:#ffff99;height:200px;width:150px;float:left;">
<h2 style="margin-top:0;font-size:18px;">导航布局区</h2>
</div>
<div id="content" style="background-
color:#EEEEEE;height:200px;width:350px;float:left;">主要内容布局区</div>
<div id="footer" style="background-color:#99bbbb;clear:both;text-
align:center;">页脚布局区</div>
</div>
</body>
</html>
```

图 1 - 14　使用 DIV 标签对网页布局代码

style 属性中有许多样式参数，图 1 - 14 涉及的参数如下：

1）margin-bottom：设置元素距离下方 HTML 对象外边距的距离。对应的还有 margin-top、margin-left、margin-right 参数。

2）float：定义元素的哪边上允许出现浮动。任何元素都可以浮动。float 值含义见表 1 - 1。

表 1 - 1　float 的值

值	含　义
left	元素向左浮动
right	元素向右浮动
none	默认值，元素不浮动
inherit	规定应该从父元素继承 float 属性的值

3）clear：定义元素的哪边不允许出现浮动元素，其值含义见表 1 - 2。

表 1 - 2　clear 的值

值	含　义
left	在左侧不允许出现浮动元素
right	在右侧不允许出现浮动元素

续表 1 – 2

值	含　义
both	在左右两侧均不允许出现浮动元素
none	默认值，允许浮动元素出现在两侧
inherit	规定应该从父元素继承 clear 属性的值

1.9　使用表单

启动"记事本"程序，输入图 1 – 15 所示内容。保存文件名为 1 – 8. htm。

```
1-8.htm - 记事本
文件(F) 编辑(E) 格式(O) 查看(V) 帮助(H)
<html>
<head>
<meta http-equiv="Content-Type" content="text/html; charset=utf-8" />
<title>div对网页布局实例</title>
</head>
<body>
<form name="input" action="register.asp" method="get">
<table border="1" cellspacing="0">
<tr><td>姓名: </td><td><input type="text" name="name" /></td></tr>
<tr><td>性别: </td><td>
<input type="radio" name="sex" value="male" id="male" /> <label for="male">男</label>
<input type="radio" name="sex" value="female" id="female" /> <label for="female">女</label>
</td></tr>
<tr><td>个人喜好: </td><td><input type="checkbox" name="bike" />骑车 <input type="checkbox"
name="read" />读书</td></tr>
<tr><td>职业: </td>
<td>
<select multiple="multiple" name="occupation">
<option value="0">教育</option>
<option value="1">IT</option>
<option value="2" selected="selected">行政管理</option>
<option value="3">动漫制作</option>
</select>
</td></tr>
<tr align="center"><td colspan="2"><input type ="submit" value ="提交">
<input type ="reset" value ="复位"></td></tr>
</table>
</form>
</body>
</html>
```

图 1 – 15　使用表单收集用户信息

打开 1 – 8. htm，网页显示如图 1 – 16 所示。

（1）< form > 标签。< form > 标签用于为用户输入创建 HTML 表单。< form > … </ form > 能够包含文本字段、复选框、单选框、提交按钮等输入元素。一个 HTML 文档中可以有多个 < form > 标签。图 1 – 15 中与 < form > 标签相关的属性含义如下：

1）name 属性：表单的名称。

图 1 - 16　显示表单

2）action 属性：提交表单时向何处发送表单数据，即用哪一个网络 URL 资源来接收并处理表单数据。

3）method 属性：提交表单时发送表单数据的方法。它有 get 和 post 两种方法。

（2）< input >标签。< input >标签用于搜集用户信息。图 1 - 15 中与 < input >标签相关的属性含义如下：

1）name 属性：input 元素的名称。

2）type 属性：input 元素的类型。根据不同的 type 属性值，输入字段拥有很多种形式。

① text：文本字段。

② radio：单选字段。同一组单选字段的 name 值应相同。

③ checkbox：复选字段。

④ submit：表单提交按钮。

⑤ reset：表单复位按钮。

⑥ value：input 元素的值。

（3）< select >标签。select 元素可创建单选或多选菜单。< select >中的 < option >标签用于定义列表中的可用选项。图 1 - 15 中与 < select >和 < option >标签相关的属性含义如下：

1）name：下拉列表的名称。

2）multiple：值为 multiple 时表示可选择多个选项。

3）value：送往服务器的选项值。

4）selected：值为 selected 时表示在首次显示列表中默认该项为选中状态。

（4）＜label＞标签。＜label＞标签为 input 元素定义标注（标记）。label 元素不会向用户呈现任何特殊效果。不过，它为鼠标用户改进了可用性。如果在 label 元素内点击文本，就会触发此控件。就是说，当用户选择该标签时，浏览器就会自动将焦点转到和标签相关的表单控件上。＜label＞标签的 for 属性应当与相关元素的 id 属性相同。

项目 2　使用 CSS 美化网页

2.1　项目描述

HTML 网页设计包含两个方面的内容：一个是网页的内容，即项目 1 中介绍的 HTML 元素；另一个是网页的排版布局，例如 HTML 元素的颜色、位置、大小等。CSS（Cascading Style Sheets，层叠样式表）就是用于设计和实现网页排版布局的一组描述或定义。相对于传统 HTML 的表现而言，CSS 能够对网页中对象的位置排版进行像素级的精确控制，支持几乎所有的字体字号样式，拥有对网页对象和模型样式编辑的能力，并能够进行初步交互设计，是目前基于文本展示最优秀的表现设计语言。CSS 能够根据不同使用者的理解能力，简化或者优化写法，针对各类人群，有较强的易读性。

本项目使用记事本制作一系列由简到繁的网页，使学生逐步掌握 CSS 在网页中的使用方法。

2.2　网页中使用 CSS 的方法

2.2.1　样式表的定义方式

（1）元素中的样式表。元素中的样式表是将 CSS 的内容放在 HTML 文档的 style 元素中，并且将 style 元素放在 HTML 元素中。定义方式及效果如图 2-1、图 2-2 所示。

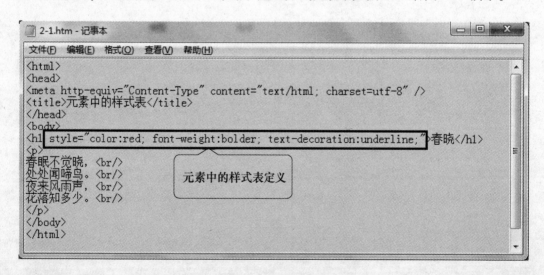

图 2-1　元素中的样式表定义

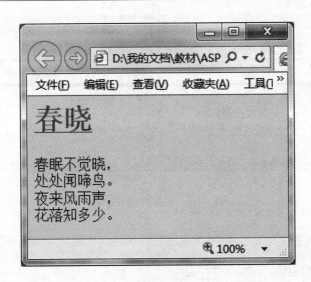

图 2-2 元素中的样式表定义显示效果

（2）内部样式表。内部样式表是将 CSS 的内容放在 HTML 文档的 style 元素中，并且将 style 元素放在 head 元素中。定义方式及效果如图 2-3、图 2-2 所示。

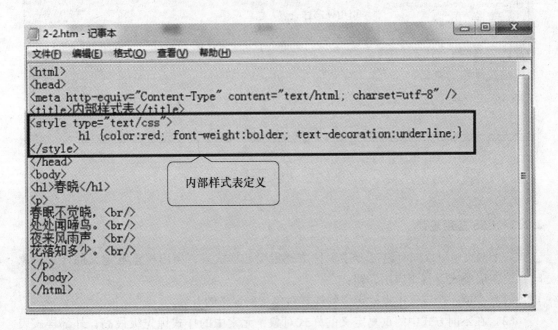

图 2-3 内部样式表定义

（3）外部样式表文件。外部样式表是将 CSS 的内容放在一个扩展名为".css"的文本文件中，这个文件即为外部样式表文件。然后在 HTML 文档的 head 元素中插入 link 元素将外部样式表链接到 HTML 文档中。外部样式表的定义、引用及显示效果如图 2-4、图 2-5、图 2-2 所示。

图 2 - 4　外部样式表定义

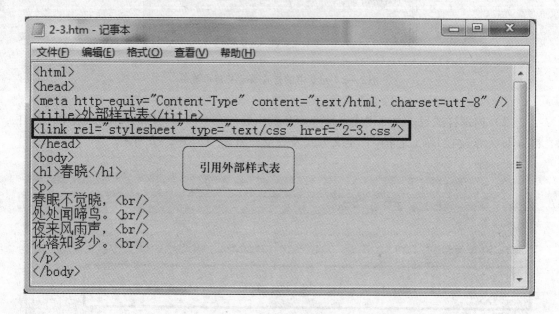

图 2 - 5　引用外部样式表

2.2.2　CSS 应用规则

一个网页中可以同时包含上述 3 种方式定义的样式表，当出现重复定义的样式对象时，按"层叠式"规则应用，即：

（1）在同一个方式中重复定义的样式对象，后定义的有效。

（2）在不同方式中的重复定义的样式对象，元素中的样式优先级最高，外部样式表文件最低。

2.3　CSS 语法

CSS 规则由两个主要的部分构成：选择器、一条或多条声明，例如：selector｛declaration1；declaration2；…；declarationN｝。

　　选择器通常是需要改变样式的 HTML 元素。每条声明由一个属性和一个值组成。属性是希望设置的样式属性。每个属性有一个值。属性和值被冒号分开，例如 selector {property：value}。

　　例如，将 HTML 文档中的 p 元素内的文字颜色定义为红色、加粗、加下划线，其定义方式如图 2 – 6 所示。

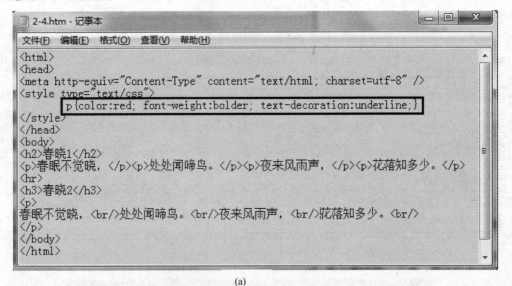

(a)

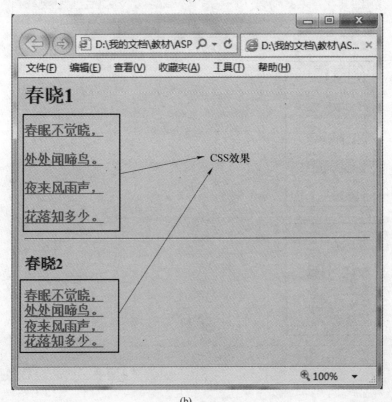

(b)

图 2 – 6　CSS 基本语法

（1）选择器分组。可以对选择器进行分组，被分组的选择器就可以分享相同的声明。用逗号将需要分组的选择器分开。例如，将 HTML 文档中的 h2、h3、p 元素内的文字颜色定义为红色、加粗、加下划线，其定义方式如图 2 - 7 所示。

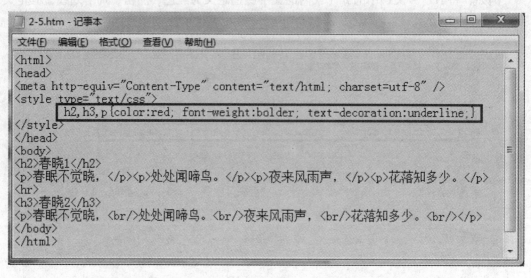

(a)

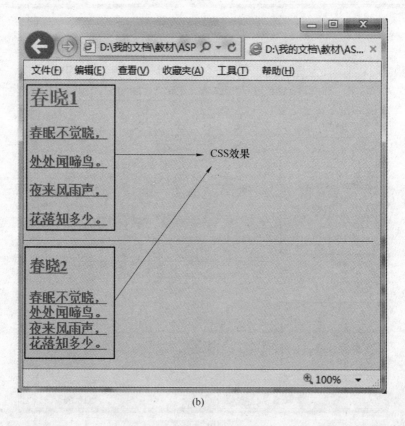

(b)

图 2 - 7 CSS 选择器分组

（2）派生选择器。派生选择器允许根据文档的上下文关系来确定某个标签的样式。通过合理地使用派生选择器，可以使 HTML 代码变得更加整洁。例如，希望 h2 元素中的 strong 元素中的文字颜色定义为红色、加粗、加下划线，其定义方式如图 2-8 所示。

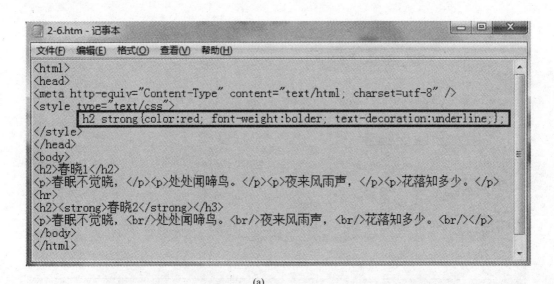

(a)

(b)

图 2-8 CSS 派生选择器

（3）id 选择器。id 选择器可以为标有特定 id 的 HTML 元素指定特定的样式。id 选择器以 "#" 来定义。例如，希望第一个 h2 元素中的文字颜色定义为红色，第二个 h2 元素中的文字颜色定义为蓝色，其定义方式如图 2-9 所示。

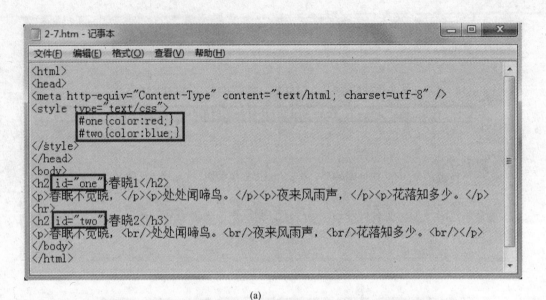

(a)

(b)

图 2-9　id 选择器

（4）类选择器。类选择器可以为标有相同类的 HTML 元素指定特定的样式。类选择器以"."开头来定义。例如，希望第二段"春晓"的字体为红色，其定义方式如图 2 - 10 所示。

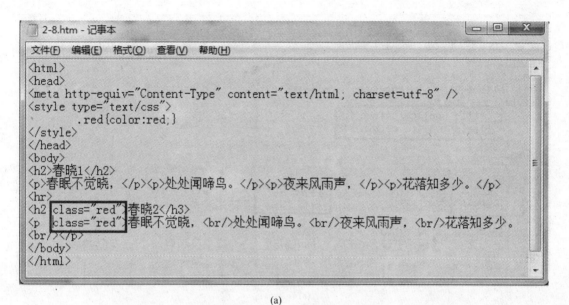

(a)

(b)

图 2 - 10　类选择器

（5）属性选择器。对带有指定属性的 HTML 元素设置样式。例如，希望第一段"春晓"的第一、三行字体为红色，第二、四行字体为蓝色，其定义方式如图 2 – 11 所示。

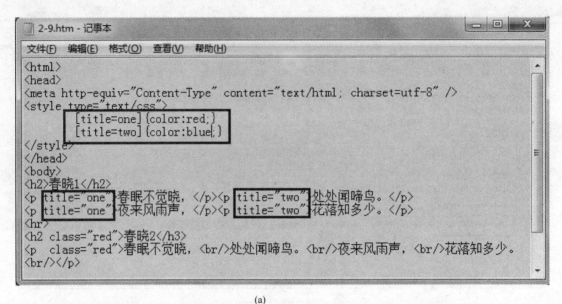

(a)

(b)

图 2 – 11　属性选择器

2.4 CSS 样式

2.4.1 背景

可以利用 CSS 设置 HTML 元素的背景，背景可以是颜色或图案。

（1）背景颜色。可以使用 background-color 属性为元素设置背景色。这个属性接受任何合法的颜色值。可以为所有元素设置背景色，没有显示设置该属性时，其默认值是 transparent（透明）。也就是说，如果一个元素没有指定背景色，那么背景就是透明的。例如，希望网页背景为"黄色"，标题"春晓1"背景为"绿色"，标题"春晓2"背景为"紫色"，其定义方式如图 2 – 12 所示。

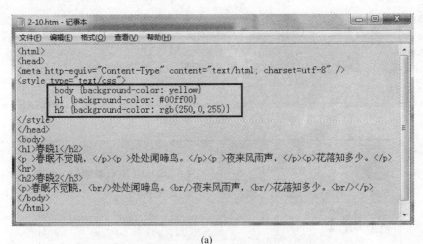

(a)

(b)

图 2 – 12　背景颜色

（2）背景图像。把图像作为背景，需要使用 background-image 属性。background – image 属性的默认值是 none，表示背景上没有放置任何图像。如果需要设置一个背景图像，必须为这个属性设置一个 url 值，如图 2 – 13 所示。

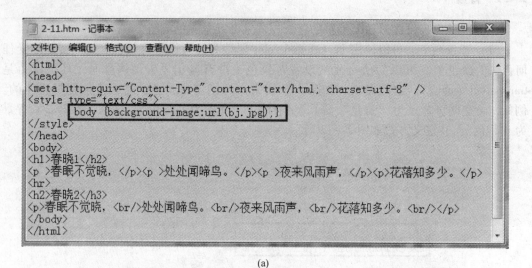

(a)

(b)

图 2 – 13　背景图像

（3）背景重复。如果需要在页面上对背景图像进行平铺，可以使用 background-repeat

属性。repeat-x 和 repeat-y 分别导致图像只在水平或垂直方向上重复，no-repeat 则不允许图像在任何方向上平铺。默认地，背景图像从一个元素的左上角开始。背景重复的例子如图 2–14~图 2–16 所示。

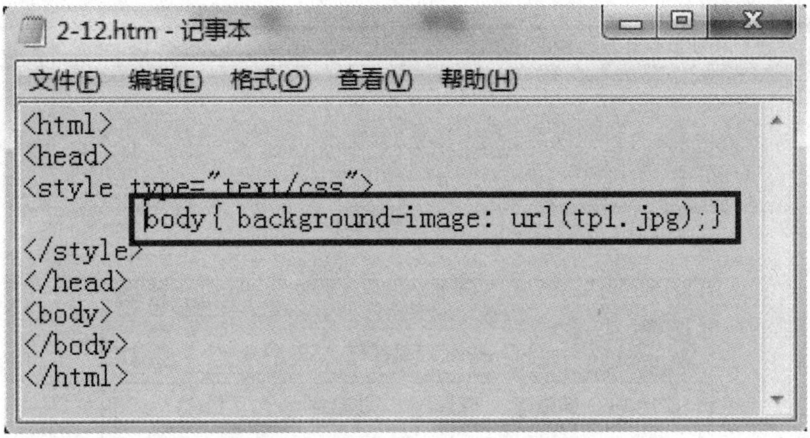

(a)

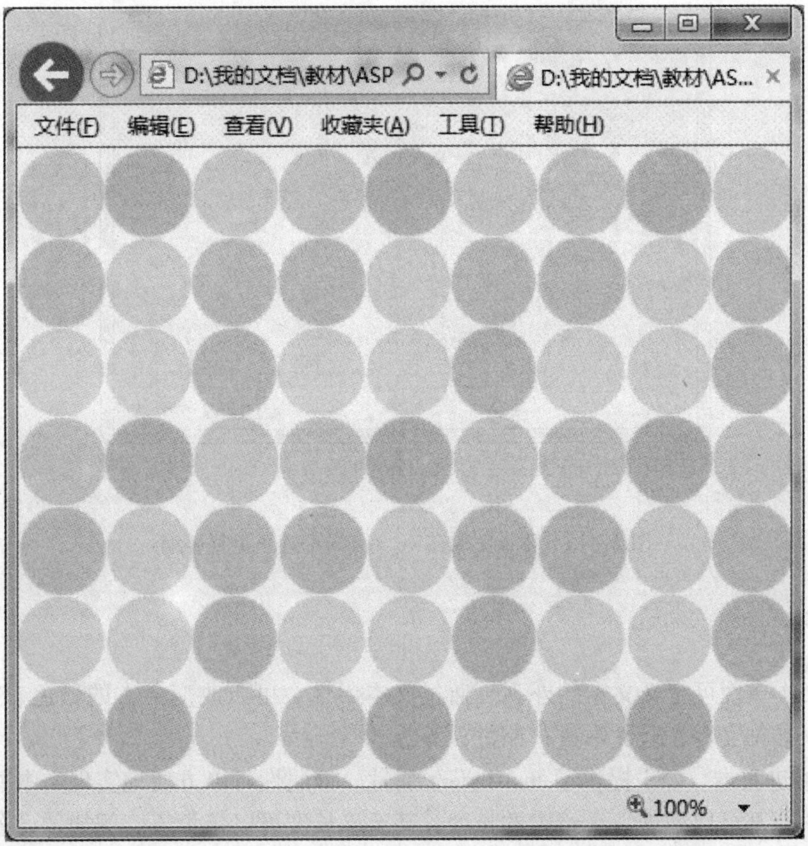

(b)

图 2–14 默认 background-repeat 属性为 x、y 重复平铺

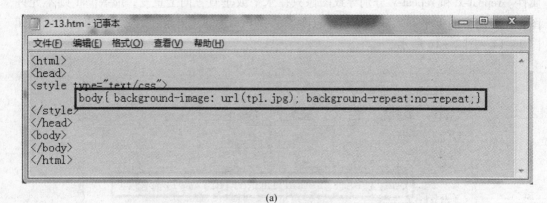

(a)

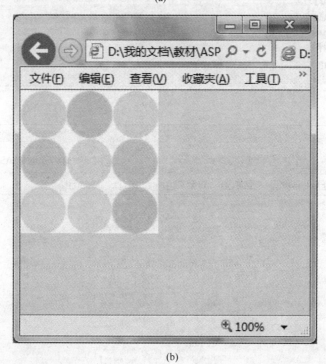

(b)

图 2 – 15　背景图像在 x、y 方向都禁止重复平铺

2.4.2　文本

CSS 文本属性可定义文本的外观。通过文本属性，可以改变文本的颜色、字符间距、对齐文本、装饰文本，对文本进行缩进，等等。

（1）缩进文本。CSS 提供了 text-indent 属性，该属性可以方便地实现文本缩进。所有元素的第一行都可以缩进一个给定的长度，甚至该长度可以是负值。例如，设置某段落首行缩进 2 个字符，如图 2 – 17 所示。

（2）水平对齐。text-align 是一个基本的属性，它会影响一个元素中的文本行互相之间的对齐方式。其值描述见表 2 – 1。

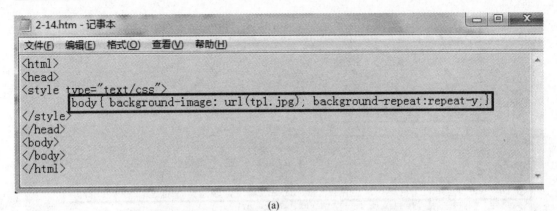

(a)

(b)

图 2-16 背景图像在 y 方向重复平铺

表 2-1 **text-align 属性的值及描述**

值	描 述
left	把文本排列到左边，默认值由浏览器决定
right	把文本排列到右边
center	把文本排列到中间
justify	实现两端对齐文本效果
inherit	规定应该从父元素继承 text-align 属性的值

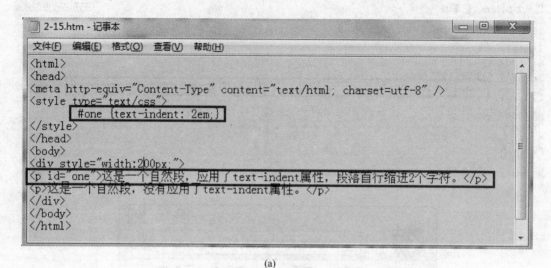

(a)

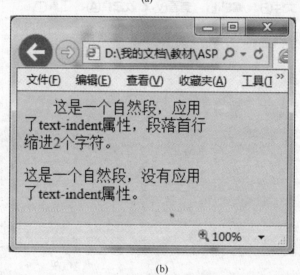

(b)

图 2－17　text-indent 属性

图 2－18 显示了几种水平对齐效果。

（3）字母间隔。letter-spacing 属性修改字母间隔。默认关键字是 normal（letter-spacing:0）。图 2－19 显示了几种字母间隔显示效果。

（4）文本装饰。text-decoration 属性提供了 5 个值：none、underline、overline、line-through、blink。none 值会关闭原本应用到一个元素上的所有装饰。图 2－20 显示了几种文本装饰效果。

2.4.3　字体

CSS 字体属性定义文本的字体系列、大小、加粗、风格（如斜体）和变形（如小型大写字母）。

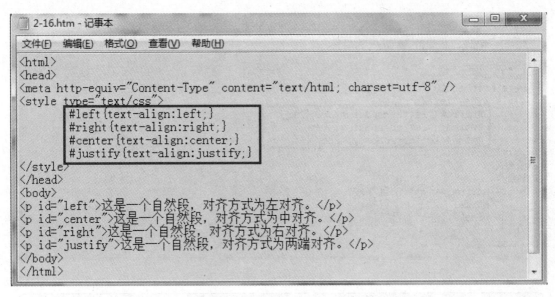

(a)

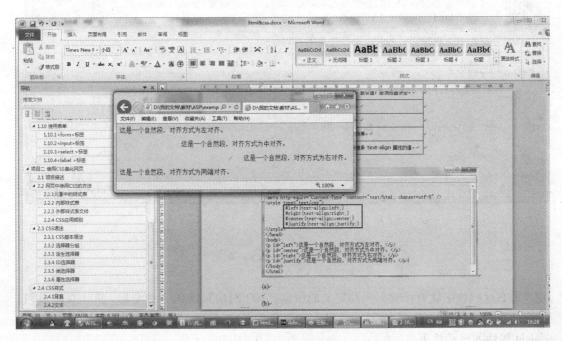

(b)

图 2 – 18　text-align 属性

（1）字体风格。font-style 属性最常用于规定斜体文本。该属性有三个值：normal（文本正常显示、italic（文本斜体显示）、oblique（文本倾斜显示），如图 2 – 21 所示。

（2）字体加粗。font-weight 属性设置文本的粗细。使用 bold 关键字可以将文本设置为粗体。关键字 100 ~ 900 为字体指定了 9 级加粗度。如果一个字体内置了这些加粗级

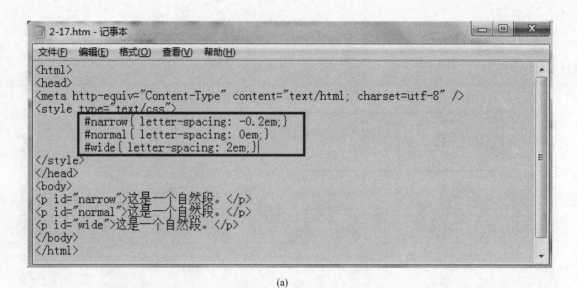

(a)

(b)

图 2 – 19　letter-spacing 属性

别，那么这些数字就直接映射到预定义的级别，100 对应最细的字体变形，900 对应最粗的字体变形。数字 400 等价于 normal，而 700 等价于 bold。图 2 – 22 所示为设置 font-weight 属性的显示效果。

（3）字体大小。font-size 属性设置文本的大小。普通文本（比如段落）的默认大小是 16 像素（16px = 1em）。图 2 – 23 所示为设置 font-size 属性的显示效果。

2.4.4　链接

HTML 中的链接有四种状态：

（1）a：link——普通的、未被访问的链接。

（2）a：visited——用户已访问的链接。

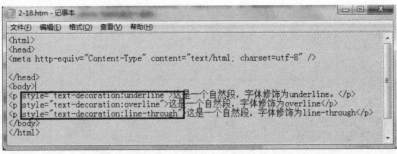

(a)

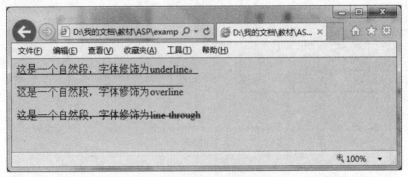

(b)

图 2 – 20　text-decoration 属性

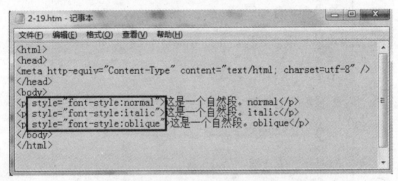

(a)

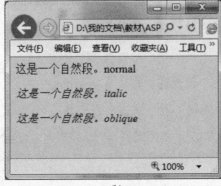

(b)

图 2 – 21　font-style 属性

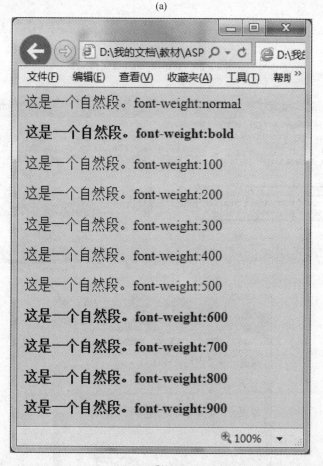

(a)

(b)

图 2 – 22　font-weight 属性

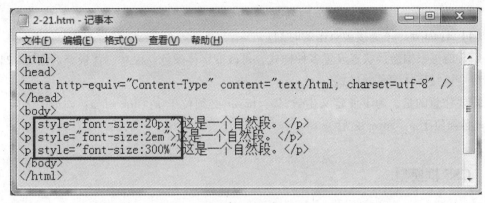

(a)

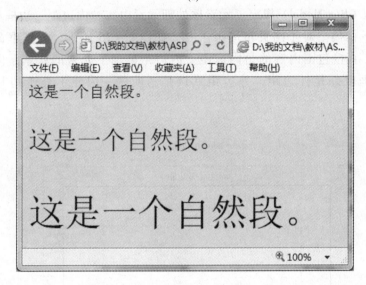

(b)

图 2-23 font-size 属性

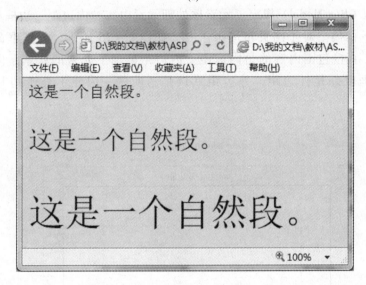

图 2-24 链接

（3）a:hover——鼠标指针位于链接的上方。

（4）a:active——链接被点击的时刻。

CSS 能够根据链接状态设置多种样式，可改变字体颜色、尺寸、背景等。图2－24 所示为改变链接字体颜色的样式。

需要注意的是，为了使定义生效，a：hover 必须位于 a：link 和 a：visited 之后，a：active 必须位于 a：hover 之后。

2.5　CSS 框模型

CSS 框模型（Box Model）规定了元素框处理元素内容、内边距、边框和外边距的方式。理解 CSS 框模型对于网页布局很重要。如图2－25 所示，元素框的最内部分是实际的内容，直接包围内容的是内边距。内边距呈现了元素的背景。内边距的边缘是边框。边框以外是外边距，外边距默认是透明的，因此不会遮挡其后的任何元素。

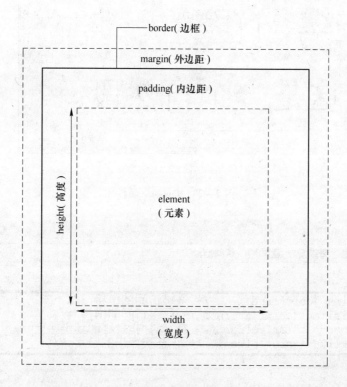

图2－25　CSS 框模型

（1）内边距。padding 属性接受长度值或百分比值，但不允许使用负值。按照上、右、下、左的顺序分别设置各边的内边距，各边均可以使用不同的单位或百分比值，例如 < p style = "padding：10px 0. 25em 2ex 20% ; " >。

也可以使用四个单独的属性 padding-top、padding-right、padding-bottom、padding-left 分别设置上、右、下、左内边距，例如 < p style = " padding-top：10px；padding-right：0.25em；padding-bottom：2ex；padding-left：20% ; " >。

（2）边框。元素外边距内就是元素的边框（border）。元素的边框就是围绕元素内容和内边距的一条或多条线。每个边框有 3 个方面：宽度、样式以及颜色。

边框样式 border-style 是边框最重要的一个方面，样式控制着边框的显示，如果没有样式，将根本没有边框。border-style 属性值含义见表 2 - 2。

表 2 - 2 border-style 属性值及描述

值	描述
none	定义无边框
hidden	与 "none" 相同，不过应用于表时除外，对于表，hidden 用于解决边框冲突
dotted	定义点状边框，在大多数浏览器中呈现为实线
dashed	定义虚线，在大多数浏览器中呈现为实线
solid	定义实线
double	定义双线，双线的宽度等于 border-width 的值
groove	定义 3D 凹槽边框，其效果取决于 border-color 的值
ridge	定义 3D 垄状边框，其效果取决于 border-color 的值
inset	定义 3D inset 边框，其效果取决于 border-color 的值
outset	定义 3D outset 边框，其效果取决于 border-color 的值
inherit	规定应该从父元素继承边框样式

为边框宽度 border-width 属性指定宽度有两种方法：一是指定值，比如 2px 或 0.1em；二是使用关键字 thin、medium（默认值）和 thick。可以按照上、右、下、左的顺序分别设置各边框宽度。例如 < p style = " border-style：solid；border-width：15px 5px 15px 5px;" >。也可以通过属性 border-top-width、border-right-width、border-bottom-width、border-left-width 分别设置边框各边的宽度。

边框的颜色属性 border-color 与 border-width 属性类似。

（3）外边框。围绕在元素边框的空白区域是外边距。设置外边距会在元素外创建额外的"空白"。设置外边距的最简单的方法就是使用 margin 属性，这个属性接受任何长度单位、百分数值甚至负值。

与内边距的设置相同，外边框值的顺序是从上外边距（top）开始围着元素顺时针旋转的。margin 可以设置为 auto，margin 的默认值是 0，所以如果没有为 margin 声明一个值，就不会出现外边距。

2.6　CSS 定位

CSS 为定位提供了一些属性，利用这些属性，可以建立列式布局，可以完成通常需要使用多个表格才能完成的布局任务。

CSS 定位属性见表 2 - 3。

表 2 - 3　CSS 定位属性

属　　性	描　　述
position	把元素放置到一个静态的、相对的、绝对的或固定的位置中
top	定义了一个定位元素的上外边距边界与其包含块上边界之间的偏移
right	定义了定位元素右外边距边界与其包含块右边界之间的偏移
bottom	定义了定位元素下外边距边界与其包含块下边界之间的偏移
left	定义了定位元素左外边距边界与其包含块左边界之间的偏移
overflow	设置当元素的内容溢出其区域时发生的事情
clip	设置元素的形状，元素被剪入这个形状之中，然后显示出来
vertical-align	设置元素的垂直对齐方式
z-index	设置元素的堆叠顺序

（1）相对定位。CSS 相对定位是一个非常容易掌握的概念。如果对一个元素进行相对定位，它将出现在它所在的位置上。然后，可以通过设置垂直或水平位置，让这个元素"相对于"它的起点进行移动。例如，如果将 top 设置为 20px，那么框将在原位置顶部下面 20 像素的地方；如果 left 设置为 30 像素，那么会在元素左边创建 30 像素的空间，也就是将元素向右移动，如图 2 - 26 所示。

（2）绝对定位。CSS 绝对定位使元素的位置与文档流无关，元素在文档流中的位置空间会被删除，元素会"浮起来"。这一点与相对定位不同。相对定位 relative 属性也会让元素"浮起来"，但相对定位不会删除元素本身在文档流中占据的那块位置空间。图 2 - 27 所示为绝对定位的显示效果。

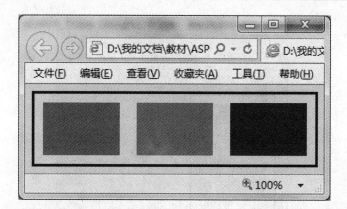

```
<head>
</head>
<body>
<div style="border-style:solid; height:80px; width:330px">
<div style="float:left;width:90px;height:60px; background:red; margin:10px;"></div>
<div style="float:left;width:90px;height:60px; background:green; margin:10px;"></div>
<div style="float:left;width:90px;height:60px; background:blue; margin:10px;"></div>
</div>
</body>
</html>
```

(a)

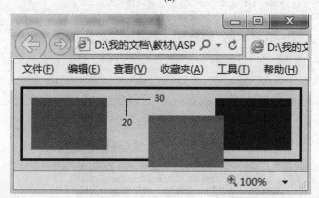

```
<head>
</head>
<body>
<div style="border-style:solid; height:80px; width:330px">
<div style="float:left;width:90px;height:60px; background:red; margin:10px;"></div>
<div style="float:left;width:90px;height:60px; background:green; margin:10px;
position:relative;left:30px;top:20px;"></div>
<div style="float:left;width:90px;height:60px; background:blue; margin:10px;"></div>
</div>
</body>
</html>
```

(b)

图 2-26 相对定位

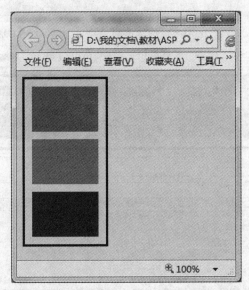

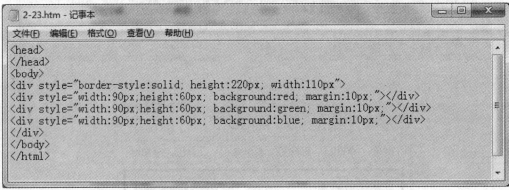

```
<head>
</head>
<body>
<div style="border-style:solid; height:220px; width:110px">
<div style="width:90px;height:60px; background:red; margin:10px;"></div>
<div style="width:90px;height:60px; background:green; margin:10px;"></div>
<div style="width:90px;height:60px; background:blue; margin:10px;"></div>
</div>
</body>
</html>
```

(a)

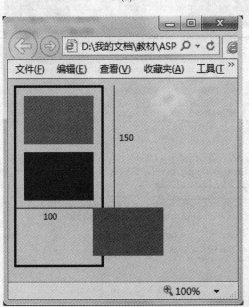

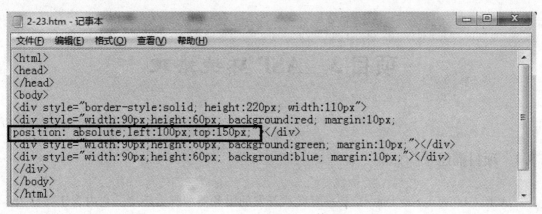

(b)

图 2-27 绝对定位

项目 3 ASP 环境搭建

3.1 项目描述

ASP（Active Server Pages）是一套微软开发的服务器端脚本环境，它内含于微软 IIS（Internet Information Server）。使用它可以创建和运行动态、交互的 Web 服务器应用程序。

ASP 的工作原理，就是当客户端浏览器上某用户申请一个 *.asp 的文件（ASP 文件的后缀名为 .asp）时，Web 服务器就会响应该 HTTP 请求，并调用 ASP 引擎，解释被申请文件，最后输出标准的 HTML 格式文件传送给客户端浏览器，由浏览器解释运行，并显示出结果，如图 3 - 1 所示。

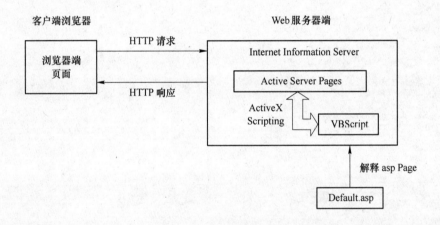

图 3 - 1 ASP 工作原理

当遇到任何与 ActiveX Scripting 兼容的脚本（如 VBScript 和 JavaScript）时，ASP 引擎会调用相应的脚本引擎进行处理。若脚本指令中含有访问数据库的请求，就通过 ODBC 与后台数据库相连，由数据库访问组件执行访问操作等。由于 ASP 脚本是在服务器端解释执行的，所以其所有相关的发布工作都由 Web 服务器负责。

本项目在 Windows 7 环境下，介绍利用 Dreamweaver CS6 进行 ASP 开发的编辑环境，利用 IIS 搭建能够运行 ASP 动态网页的 Web 环境，并简要介绍 ASP 的工作原理。

3.2 利用 Dreamweaver 进行 ASP 开发

Dreamweaver 是一款专业的网站设计开发软件。在业界通常将 Dreamweaver、Flash、Fireworks 称为"网页三剑客"。Flash 用来生成矢量动画，Fireworks 用来制作网页图像，

Dreamweaver 可以进行各种素材的集成和网络发布。

　　Dreamweaver CS6 是 Adobe 推出的一款功能强大的可视化的网页编辑与管理软件。利用它，不仅可以轻松地创建跨平台和跨浏览器的页面，而且还可以直接创建具有动态效果的网页而不用自己编写源代码。

3.2.1　Dreamweaver CS6 的工作界面

　　Dreamweaver CS6 的工作窗口主要包括功能菜单、插入栏、文档工具栏、文档窗口、状态栏、属性面板、功能面板等，如图 3 – 2 所示。合理使用这几个板块的相关功能，可以高效、便捷地完成设计工作。

图 3 – 2　Dreamweaver CS6 的工作界面

　　（1）界面布局。Dreamweaver CS6 工作区预设布局除了经典外，还有编码器、编码人员（高级）、设计器、设计人员（紧凑）和双重屏幕几种布局模式，还新增了 Business Catalyst、流体布局、移动应用程序这三种布局模式。点击图 3 – 2 中椭圆标注部分可以进行界面布局选择。

　　（2）功能菜单。功能菜单是能够实现一定功能的菜单命令。Dreamweaver CS6 有"文件"、"编辑"、"查看"、"插入"、"修改"、"格式"、"命令"、"站点"、"窗口"、"帮助"等 10 个主菜单，单击可以打开其子菜单。这些菜单几乎涵盖了所有的功能操作。

　　（3）插入栏。插入栏（插入面板）包含用于创建和插入对象（如表单）的按钮。插入栏包含 9 类对象，分别是常用、布局、表单、数据、Spry、jQuery Mobile、InContextEditing、文本、收藏夹。

　　（4）文档工具栏。文档工具栏被附在文档窗口的顶部，可以直接根据需要访问很多选项。例如：可以在代码视图、设计视图以及拆分视图间快速切换。

（5）文档编辑区。文档编辑区（文档窗口）用于显示当前文档，可以选择下列任一视图：

1）设计视图。设计视图用于可视化页面布局、可视化编辑和快速进行应用程序开发的设计环境。

2）代码视图。代码视图用于编写和编辑 HTML、JavaScript、服务器语言代码以及任何其他类型代码的手工编码环境。

3）拆分视图。拆分视图使用户可以在一个窗口中同时看到同一文档的代码视图和设计视图。

（6）状态栏。状态栏提供与正在创建的文档有关的其他信息。从左至右分别是：标签选择器、选取工具、手形工具、缩放工具、设置缩放比率、手机屏幕与平板电脑屏幕和显示器屏幕切换、窗口大小弹出菜单（在代码视图中不可用）、文档大小和下载时间、编码指示器。

（7）属性面板。属性面板（属性检查器）用来检查和编辑当前选定的页面元素最常用的属性。它随选定元素的不同会有所变化。

（8）功能面板。Dreamweaver 通过一套面板和面板组（即功能面板）系统来轻松地处理不同的复杂界面。面板组将多个相关面板组合使用。

3.2.2　使用 Dreamweaver CS6 创建简单网页

（1）站点管理。制作网页的根本目的是为了设计一个完整的网站，在制作网站前，应该对整个站点进行整体规划。要先在本地计算机上定义一个本地站点，以便更好地利用 Dreamweaver 站点管理功能对站点文件进行管理，也可以尽可能地减少一些错误的出现。

单击【站点】→【新建站点】菜单，在弹出的对话框中输入站点名称，然后选择本地站点文件夹路径，点击【保存】就创建了一个站点，如图 3-3 所示。当然也可以进一步对站点进行设置。

（2）添加文本。建立站点后，就应该充实站点内容。站点的核心是页面，页面的灵魂是文本，文本是传递信息的基础。

在 Dreamweaver CS6 中可以很方便地创建出所需的文本，输入文本后，可以在【属性】面板中对文本的大小、字体、颜色等进行设置，如图 3-4 所示，自动生成前面所讲的 CSS。

（3）使用表格排版。网页设计中，往往需要借助表格实现网页的精细排版。表格以简洁明了和高效快捷的方式将数据、文本、图片、表单等元素有序地显示在页面上。

可以通过【插入】→【表格】菜单添加表格，然后经过不断地拆分、合并，并将表格边框设置为 0，或者设置背景区分各部分，如图 3-5 所示，最终达到图文混排效果。

（4）插入图像。网页通过图片的修饰可展现出多彩效果。网页中插入的图像一般都是 GIF、JPEG 和 PNG 格式的。

可以通过【插入】→【图像】菜单添加图片。在图像（标签 img）的属性面板里可以对图像进行详尽的设置，包括大小、热点、超链接等，如图 3-6 所示。

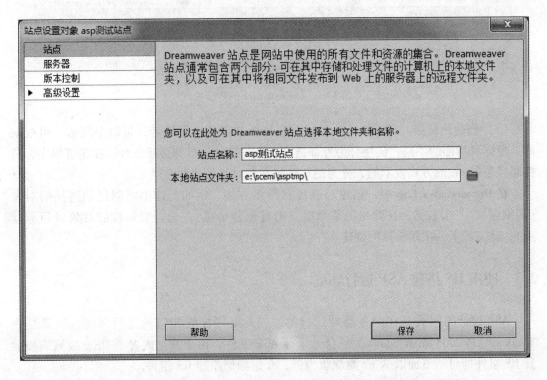

图 3-3 Dreamweaver 站点管理

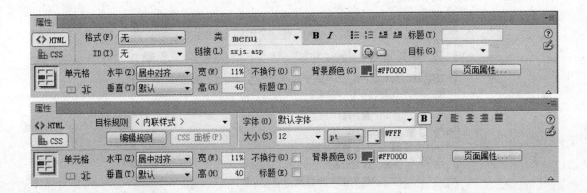

图 3-4 Dreamweaver 文本格式设置

图 3-5 Dreamweaver 表格属性设置

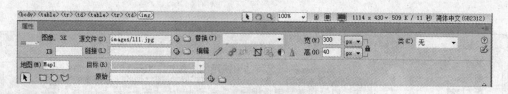

图 3 - 6　Dreamweaver 图片设置

（5）创建超链接。超链接是从源端点到目标端点的一种跳转，是每个网站不可或缺的。根据目标锚的不同，链接分为外部链接、内部链接、局部链接三种。在超链接中，链接路径是以 url 的方式表示的，分为绝对路径和相对路径两种路径。

在 Dreamweaver CS6 中，创建超链接有很多方法。例如，选中要创建超链接的对象（源端点），点击右键，在弹出的菜单里点击【创建链接】，选择要链接的对象（目标端点），就完成了一次超链接的创建。

3.3　使用 IIS 搭建 ASP 运行环境

ASP 设计的网页是在服务器端运行的，因此必须配置相应的运行环境。如果是在 Windows XP/2003 和 Windows 7 平台上运行 ASP 文件，由于其已内置了 IIS，故只需添加其 IIS 组件即可。下面以 Win7 旗舰版为例，介绍如何添加 IIS 组件。

（1）打开 Win7 控制面板，双击【程序和功能】，选择【打开或关闭 Windows 功能】，打开如图 3 - 7 所示对话框。

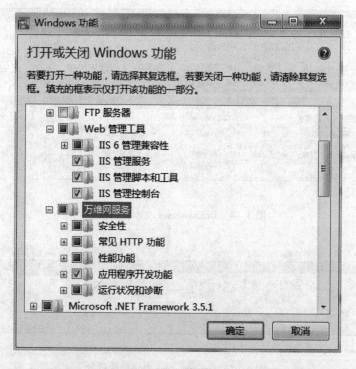

图 3 - 7　选择 IIS 组件

（2）选择【Web 管理工具】和【万维网服务】组件选项，点击【确定】。

（3）安装好组件后重启计算机，开始配置 IIS 服务器。

（4）打开 Win7 控制面板，双击【管理工具】，双击【Internet 信息服务（IIS）管理器】，出现如图 3 - 8 所示的 IIS 配置界面。点击右侧操作栏中【管理服务器】中的【启动】图标，启动 IIS 服务。

图 3 - 8　IIS 配置界面

（5）如图 3 - 9 所示，选择【DefaultWebSite】，右侧操作栏中的【管理网站】选项可以控制 Web 站点的启动和停止。

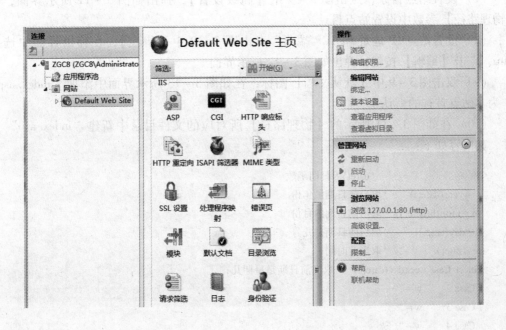

图 3 - 9　默认站点属性

（6）双击图 3-9 中 ASP 图标，配置默认站点的 ASP 应用程序的属性，如图 3-10 所示。Win7 的 IIS 中 ASP 父路径是没有启用的，即不支持网页中"··"或"··/"路径形式，因此需要将开启父路径属性设为 True，设置后点击右侧操作栏中的【应用】即可。

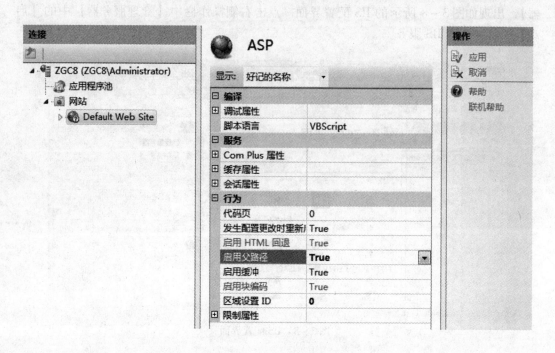

图 3-10　配置网站 ASP 属性

（7）设置站点目录，点击图 3-9 中【高级设置】，弹出如图 3-11 所示界面，在【物理路径】参数中设置站点目录。

（8）设置站点 IP 地址和 TCP 端口，点击图 3-9 中【绑定】，在弹出界面中选择 http，点击【编辑】按钮，弹出如图 3-12 所示界面。

（9）双击图 3-9 中【默认文档】图标，在如图 3-13 所示界面中添加"index. asp"作为本站点首选的默认主页。

（10）在如图 3-11 所示的【物理路径】所对应的文件目录中新建"index. asp"文件，其内容如下：

```
<%                    ' date()为日期函数
  y = year(date())    '取当前日期的年份
  m = month(date())   '取当前日期的月份
  d = day(date())     '取当前日期是几号
  t = time()          '取当前时间
Select Case weekday(date())    '取当前日期是星期几
  Case 2      w = " 一"
  Case 3      w = " 二"
  Case 4      w = " 三"
  Case 5      w = " 四"
```

```
  Case 6      w = "五"
  Case 7      w = "六"
  Case Else      w = "日"
End Select
str = "欢迎您,今天是" &y & "年" & m & "月" & d & "日星期" & w & " " & t & "<br>" & str
response. write str
% >
```

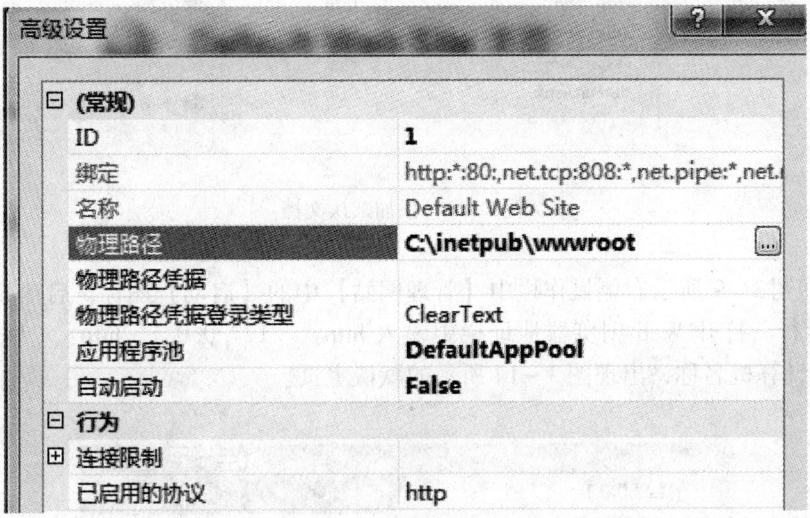

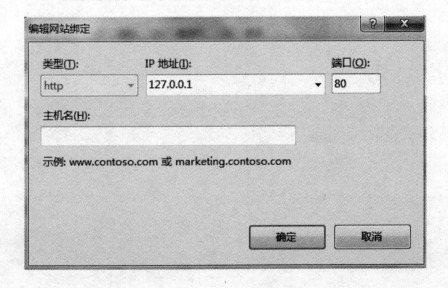

图 3 - 11 站点高级设置

图 3 - 12 站点 IP 和端口配置

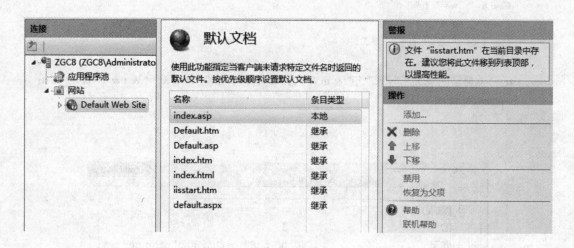

图 3 – 13　添加默认文档

点击如图 3 – 9 所示右侧操作栏中【管理网站】中的【启动】图标，启动 DefaultWeb-Site 站点运行。打开 Web 浏览器地址栏中输入 http：//127.0.0.1，http：//localhost，或 http：//本计算机名称，出现图 3 – 14 所示的默认主页。

图 3 – 14　IIS7 默认主页

项目 4　动态网页脚本 VBScript

4.1　项目描述

脚本语言是介于 HTML 和 Java、C＋＋和 Visual Basic 之类的编程语言之间的语言。HTML 通常用于格式化文本和链接网页。编程语言通常用于向计算机发送一系列复杂指令。脚本语言也可用来向计算机发送指令，但它们的语法和规则不像可编译的编程语言那样严格和复杂。脚本语言主要用于格式化文本和使用以编程语言编写的已编译好的组件。

VBScript 是一种脚本语言，是由微软公司推出的，其语法是由 Visual Basic（VB）演化来的，可以看做是 VB 语言的简化版。在网页中加入 VBScript 脚本语言后，能制作出动态的交互式的网页，增强了网页的数据处理与运算能力。

4.2　VBScript 概述

VBScript 通常和 HTML 结合在一起使用，在一个 HTML 文件中，VBScript 有别于 HT-ML 其他元素的声明方式。下面是一个在 HTML 页面中插入的 VBScript 实例。

```
< html >
< head >
< title >测试按钮事件 </title >
< script for = " button1" event = " onclick" language = " vbscript" >
    msgbox " 按钮被单击!"
</script >
</head >
< body >
< form name = " form1" >
< input type = " button" name = " button1" value = " 单击" >
</form >
</body >
</html >
```

在浏览器中浏览，当单击"单击"按钮时，效果如图 4 – 1 所示。

从上面可以看出，VBScript 代码写在成对的 < script > 标记之间。代码的开始和结束部分都有 < script > 标记，其中 Language 属性用于指定所使用的脚本语言。这是由于浏览器能够使用多种脚本语言，所以必须在此指定所使用的脚本语言。

script 块可以出现在 HTML 页面的任何地方（body 或 head 部分），一般将 script 代码

图 4 - 1　VBScript 运行效果

放在 head 部分中，以便 script 代码集中放置。这样可以确保在 body 部分调用代码之前所有 script 代码都被读取并解码。VBScript 语言没有编程语言所具有的读写文件和访问系统的功能，这使得想利用该语言编写程序去侵入网络系统的人无从着手，安全性大为提高。

4.3　VBScript 数据类型

VBScript 只有一种数据类型，称为 Variant。Variant 是一种特殊的数据类型，根据使用的方式，它可以包含不同类别的信息。因为 Variant 是 VBScript 中唯一的数据类型，所以它也是 VBScript 中所有函数的返回值的数据类型。

最简单的 Variant 可以包含数字或字符串信息。Variant 用于数字上下文中时作为数字处理，用于字符串上下文中时作为字符串处理。这就是说，如果使用看起来像是数字的数据，则 VBScript 会假定其为数字并以适用于数字的方式处理。与此类似，如果使用的数据只可能是字符串，则 VBScript 将按字符串处理。也可以将数字包含在引号中使其成为字符串。

VBScript 中常见的数据常数有：

（1）True/False：表示布尔值。

（2）Empty：表示没有初始化的变量。

（3）Null：表示没有有效数据的变量。

（4）Nothing 表示不应用任何变量。

用户也可自定义一些常数，如 Const Name = Value。

4.4　VBScript 变量

变量就是存储在内存中的用来包含信息的地址的名字，也就是代表一个值的名字。

变量是一种使用方便的占位符，用于引用计算机内存地址，该地址可以存储脚本运行时可更改的程序信息。例如，可以创建一个名为 ClickCount 的变量用来存储用户单击网页上某个对象的次数。使用变量并不需要了解变量在计算机内存的地址，只要通过变量名引用变量就可以查看或更改变量的值。

4.4.1 声明变量

声明变量有两种方式：

（1）使用 Dim 语句、Public 语句和 Private 语句在脚本中声明变量，例如：Dim md。声明多个变量时可使用逗号分隔变量。例如：Dim sj，sa，gp。

（2）通过直接在脚本中使用变量名这一简单方式声明变量。但这样有时会由于变量名被拼错而导致在运行脚本时出现意外的结果。最好使用 Option Explicit 语句显式声明所有变量，并将其作为脚本的第一条语句。

4.4.2 命名规则

变量命名必须遵循 VBScript 的标准命名规则。

（1）第一个字符必须是字母。

（2）不能包含嵌入的句点。

（3）长度不能超过 255 个字符。

（4）在被声明的作用域内必须唯一。

变量具有作用域与存活期。变量的作用域由声明它的位置决定。如果在过程中声明变量，则只有该过程中的代码可以访问或更改变量值，此时变量称为过程级变量。如果在过程之外声明变量，则该变量可以被脚本中的所有过程所识别，称为 Script 级变量，具有脚本作用域。

变量存在的时间称为存活期。Script 级变量的存活期从被声明的一刻起，直到脚本运行结束时止。对于过程变量，其存活期仅是该过程运行的时间，该过程结束后变量即随之消失。

4.4.3 给变量赋值

可以创建如下形式的表达式给变量赋值，变量在表达式左边，要赋的值在表达式的右边。例如，A = "四川机电职业技术学院"。

多数情况下，只需给声明的变量赋一个值。只包含一个值的变量称为标量变量。有时候将多个相关值赋给一个变量更为方便，因此可以创建包含一系列值的变量，这称为数组变量。数组变量和标量变量是以相同的方式声明的，唯一的区别是声明数组变量时变量名后面带有括号。Dim A(3) 即是声明了一个包含 4 个元素的唯一数组。虽然括号中显示的数字是 3。但由于在 VBScript 中所有的数组都是基于 0 的，所以这个数组实际上包含了 4 个元素。在基于 0 的数组中，数组元素的数目总是括号显示的数目加 1。这种数组被称为固定大小的数组。

可在数组中使用索引为每个元素赋值，如 A(0) = 10；A(1) = 20；A(2) = 30；A(3) = 40。

4.5　VBScript 运算符

VBScript 包括算术运算符、比较运算符、连接运算符和逻辑运算符等。

当表达式包含多个运算符时，将按预定顺序计算每一部分，这个顺序称为运算符优先级。可以使用括号越过这种优先级顺序，强制首先计算表达式的某些部分。运算时总是先执行括号中的运算符，再执行括号外的运算符。在括号中仍遵循标准运算符优先级。

当表达式包含运算符时，首先计算算术运算符，再计算比较运算符，最后计算逻辑运算符。所有的比较运算符的优先级相同，即按照从左到右的顺序计算。算术运算符和逻辑运算符的优先级见表 4 - 1。

表 4 - 1　算术运算符和逻辑运算符的优先级

算术运算符		比较运算符		逻辑运算符	
描　述	符号	描　述	符号	描　述	符号
求幂	^	等于	=	逻辑非	Not
负号	-	不等于	< >	逻辑与	And
乘	*	小于	<	逻辑或	Or
除	/	大于	>	逻辑异或	Xor
整除	\	小于等于	< =	逻辑等价	Eqv
求余	Mod	大于等于	> =	逻辑隐含	Imp
加	+	对象引用比较	IS		
减	-				
字符串连接	&				

当乘号与除号同时出现在一个表达式中时，将按照从左到右的顺序计算乘、除运算符。同样当加与减同时出现在一个表达式中时，将按照从左到右的顺序计算加、减运算符。

4.6　使用条件语句

使用条件语句可以控制脚本的流程，可以编写进行判断和重复操作的 VBScript 代码。在 VBScript 中可使用 If…Then…Else 和 Select…Case 条件语句。

4.6.1　利用 If…Then…Else 进行判断

If…Then…Else 字面上的意思是"如果……就……否则"。日常生活中会用到这种句子，如要买一张 CD，当店员告诉我们价钱时，就要决定是否要买。可以在购买前先设置一个条件，如果 CD 的价格在 280 元以下（含 280 元）就买；否则就不买。

If 分支语句有三种格式。

第一种：

If 条件表达式 Then

第二种:

If 条件表达式 Then 语句体 End If

运行流程如图 4 – 2 (a) 所示。

第三种:

If 条件表达式 Then 语句体 1 Else 语句体 2 End If

运行流程如图 4 – 2 (b) 所示。

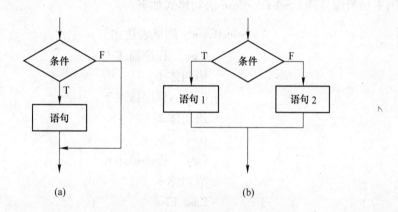

图 4 – 2 If 语句运行流程

If…Then…Else 语句用于计算条件是否为 True 或 False, 并且根据计算结果指定要运行的语句。条件是使用比较运算符对值或变量进行比较的表达式, If…Then…Else 语句可以根据需要进行嵌套。

下面是 If…Then…Else 语句的使用范例。

```
<%
dim hour
hour = 15
if hour < 8 then
    Response. Write " 欢迎您的光临! 早上好!"
else if hour > = 8 and hour < 12 then
    Response. Write " 欢迎您的光临! 上午好!"
else if hour > = 12 and hour < 18 then
    Response. Write " 欢迎您的光临! 下午好!"
else
    Response. Write " 欢迎您的光临! 晚上好!"
end if
% >
```

例子根据时间显示提示, 如果当前时刻在 8 点以前显示为 "欢迎您的光临! 早上好!", 8 ~ 12 时显示为 "欢迎您的光临! 上午好!", 12 ~ 18 时显示为 "欢迎您的光临!

下午好!",其他时间为"欢迎您的光临!晚上好!"。当前设定 hour 为 15,因此显示为
"欢迎您的光临!下午好!"。

4.6.2　利用 Select…Case 进行判断

Select…Case 结构提供了 If…Then…Else If 结构的一个变通形式,可以把它想象成一个有多重入口的车库,车库可以根据要进来的车种分配停车的位置。可以从多个语句块中选择执行其中的一个。Select…Case 语句提供的功能与 If…Then…Else 语句类似,但是可以使代码更加简练易读。Select…Case 语句格式如下:

```
SelectCase   测试表达式
        Case   程序描述 1
        语句体 1
        Case   程序描述 2
        语句体 2
        ……
        Case   程序描述 n
        语句体 n
        Case Else
            其他描述
End Select
```

Select…Case 结构在其开始处使用一个只计算一次的简单测试表达式。表达式的结果将与结构中每个 Case 的值比较。如果匹配,则执行与该 Case 关联的语句块。运行流程如图 4 - 3 所示。

下面是 Select…Case 语句的使用范例。

```
< %
dim Number
Number = 3
select case Number
        Case 1
Response. Write " 北京"
        Case 2
Response. Write " 成都"
        Case 3
Response. Write " 攀枝花"
        Case else
Response. Write " 其他城市"
  end select
% >
```

运行此程序,在浏览器中浏览,结果应该是"攀枝花"。

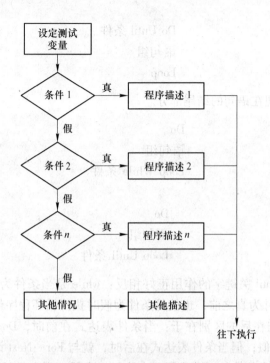

图 4-3 Select…Case 流程

4.7 利用循环语句

循环结构是一种可以根据条件实现程序循环执行的控制结构,一般有"当型循环"和"直到型循环"两种,其他循环结构可以看作这两种结构的变形。

(1)当型(while)循环:当给定条件为 True 时,重复执行语句,否则循环语句停止执行,而执行下面的语句。

(2)直到(until)型循环:一直重复执行一组语句,直到给定的条件为 True 时停止,然后执行下面的语句。

(3)变形体(For)循环:将一组语句按照指定的循环次数重复执行后,再执行下面的语句。

4.7.1 Do…Loop 循环

可以使用 Do…Loop 语句多次(次数不定)运行语句块。当条件为 True 时或条件变为 True 之前,重复执行语句块。

根据循环条件出现的位置,Do…Loop 语句的语法格式分为两种形式。

(1)循环条件出现在语句的开始部分。

Do While 条件

语句组

Loop

或

> Do Until 条件
> 语句组
> Loop

（2）循环条件出现在语句的结尾部分。

> Do
> 语句组
> Loop While 条件

或

> Do
> 语句组
> Loop Until 条件

其中，While 和 Until 关键字的作用正好相反：while 是当条件为真时，执行循环程序代码，而 until 却是条件为真之前，也就是条件为假时执行循环程序代码。

条件表达式在前与在后的区别在于：当条件表达式在前时，Do…Loop 语句与后面介绍的 For…Next 语句类似；但当条件表达式在后时，就与 For…Next 语句有了本质的区别，此时 Do…Loop 语句无论条件是否满足都至少执行一次循环程序代码。

下面利用 Do…Loop While 循环计算 1 到 100 的累加和，代码如下：

```
<%
    Dim n,sum
    n = 0
    sum = 0
    Do
        n = n + 1
        sum = sum + n
    Loop While n < 100
    Response. Write " 1 到 100 的累加和为:"&sum
% >
```

运行此程序，在浏览器中浏览，效果如图 4-4 所示。

图 4-4　Do…Loop While 应用

4.7.2 For…Next 循环

当需要执行循环到指定的次数时，最好使用 For…Next 循环。For 的语句有一个控制变量 counter，它的初值为 start，终止值为 end，每次增加值为 step，该变量的值将在每次重复循环的过程中递增或递减。For…Next 语法格式如下：

> For counter = start to end step
> 执行语句
> Next

在上述的语法中，其执行流程如图 4 – 5 所示，执行步骤如下：

（1）设置 counter 的初值。

（2）判断 counter 是否大于终止值（或小于终止值，依 step 的值而定）。

（3）假如 counter 大于终止值，程序跳至 Next 语句的下一行执行。

（4）执行 For 循环中语句。

（5）执行到 Next 语句时，控制变量会自动增加 step 值，若未指定 step 值，默认值为每次加 1。

（6）跳至第（2）步。

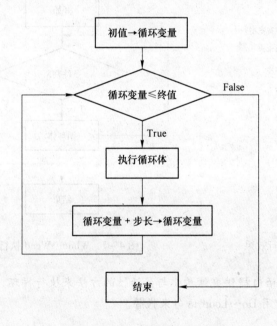

图 4 – 5 For…Next 执行流程

下面是使用双重 For…Next 循环语句输出图形的范例。

```
<%
Dim I,J
For I = 10 To 1 Step  - 1
```

```
    For J = 1 To I
        Response. Write " * "
    Next
Response. Write " < br > "
Next
% >
```

运行此程序，输出效果如图 4 – 6 所示。

4.7.3　While…Wend 循环

While…Wend 语句执行时，首先会测试 While 后面的条件式，当条件式成立时，执行循环中的语句，条件不成立时则退出 While…Wend 循环。它的语法格式如下：

While 条件语句

执行语句

Wend

While…Wend 语句执行流程如图 4 – 7 所示。

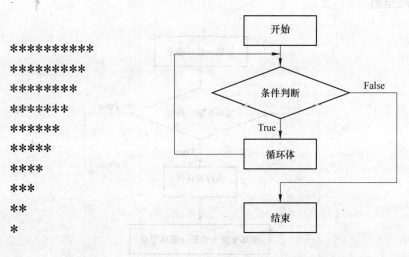

图 4 – 6　执行效果　　　　　图 4 – 7　While…Wend 执行流程

　　注意：Do…Loop 语句提供更结构化与灵活性的方法来执行循环，最好不要使用 While …Wend 语句，可以使用 Do…Loop 语句来代替。

4.8　VBScript 过程

　　过程是 VBScript 脚本语言中最重要的部分。为了使程序简洁明了和可重复利用程序，经常用过程。

　　VBScript 过程分为 Sub 过程和 Function 函数两类。

　　（1）Sub 过程。Sub 过程是指包含在 Sub 和 End Sub 语句之间的一组 VBScript 语句，执行操作但不返回值。其语法格式为：

> Sub 过程名[（参数 1，参数 2，……）]
> 语句组
> End Sub

功能是声明 Sub 过程的名称、参数及构成其主体的代码。

Sub 过程可以使用参数。如果 Sub 过程无任何参数，Sub 语句则必须包含空括号（）。

Sub 过程的调用有以下两种方法：

1）Call 过程名（参数 1，参数 2，……）

2）过程名（参数 1，参数 2，……）

【例 4 - 1】 定义一个求平方和的过程，然后调用这个过程计算两个数的平方和。

```
<%
    Dim m,n                    'm 和 n 为实际参数
    m = 3
    n = 4
    Call pingfanghe(m,n)       ' 调用子程序,显示结果
    Sub pingfanghe (a,b)       ' a 和 b 是形式参数
        Dim sum
sum = a^2 + b^2
        Response. Write " a 和 b 的平方和是:" & CStr(sum)
    End Sub
% >
```

（2）Function 函数。Function 函数与 Sub 过程类似，但是它可以返回值。Function 函数通过函数名返回一个值，这个值是在过程的语句中赋给函数名的。其语法格式为：

> Function 函数名[（参数 1，参数 2，……）]
> 语句组
> [函数名 = 表达式]
> 语句组
> End Function

功能是声明自定义函数的名称、参数及构成其主体的代码。

Function 函数可以使用参数，如果 Function 函数无任何参数，Function 语句则必须包含空括号（）。

函数调用格式为：

> 变量 = 函数名(参数 1，参数 2，……)

【例 4 - 2】 定义一个求立方和的函数，然后调用这个函数计算两个数的立方和。

```
<%
    Dim m,n,sum                 'm 和 n 为实际参数
    m = 3 :n = 4
```

```
        sum = lifanghe(m,n)              '调用函数
        Response. Write " a 和 b 的平方和是:" & CStr(sum)
        Function lifanghe (a,b)           ' a 和 b 是形式参数
            sum = a^3 + b^3
            lifanghe = sum               '赋值给函数名,作为函数返回值
End Function
% >
```

4.9　VBScript 函数

　　VBScript 函数有两种:一种是内部函数,即 VBScript 自带的函数,这些函数都已经包装好,使用时直接调用即可;另一种是自定义函数,即用户在编程的过程中根据需要定义编辑的一些函数。

　　VBScript 内包括很多基本函数,如对话框处理函数、字符串操作函数、时间/日期处理函数及数学函数等,见表 4 - 2。

表 4 - 2　VBScript 常用函数

函　　数	说　　　　明
Abs（）	当相关类的一个实例结束时将发生
Asc（）	返回与字符串中首字母相关的 ANSI 字符编码
Atn（）	返回一个数的反正切值
CBool（）	返回一个表达式,该表达式已被转换为 Boolean 子类型的 Variant
CByte（）	返回一个表达式,该表达式已被转换为 Byte 子类型的 Variant
CDate（）	返回一个表达式,该表达式已被转换为 Date 子类型的 Variant
CDbl（）	返回一个表达式,该表达式已被转换为 Double 子类型的 Variant
Chr（）	返回与所指定的 ANSI 字符编码相关的字符
CInt（）	返回一个表达式,该表达式已被转换为 Integer 子类型的 Variant
CLng（）	返回一个表达式,该表达式已被转换为 Long 子类型的 Variant
Cos（）	返回一个角度的余弦值
CSng（）	返回一个表达式,该表达式已被转换为 Single 子类型的 Variant
CStr（）	返回一个表达式,该表达式已被转换为 String 子类型的 Variant
Date（）	返回当前的系统日期
DateAdd（）	返回已加上所指定时间后的日期值
DateDiff（）	返回两个日期之间所隔的天数
DatePart（）	返回一个给定日期的指定部分
DateSerial（）	返回所指定的年月日的 Date 子类型的 Variant
DateValue（）	返回一个 Date 子类型的 Variant
Day（）	返回一个 1 到 31 之间的整数,代表一个月中的日期值
Eval（）	计算一个表达式的值并返回结果

函　数	说　　明
Exp（）	返回 e（自然对数的底）的乘方
Fix（）	返回一个数的整数部分
FormatDateTime（）	返回一个具有日期或时间格式的表达式
FormatNumber（）	返回一个具有数字格式的表达式
FormatPercent（）	返回一个被格式化为尾随一个%字符的百分比（乘以100）表达式
Hex（）	返回一个字符串，代表一个数的十六进制值
Hour（）	返回一个 0 到 23 之间的整数，代表一天中的小时值
InputBox（）	在一个对话框中显示提示信息，等待用户输入文本或单击按钮，并返回文本框中的内容
InStr（）	返回一个字符串在另一个字符串中首次出现的位置
InStrRev（）	返回一个字符串在另一个字符串中出现的位置，从字符串尾开始计算
Int（）	返回一个数的整数部分
IsArray（）	返回一个布尔值，指明一个变量是否数组
IsDate（）	返回一个布尔值，指明表达式是否可转换为一个日期
IsEmpty（）	返回一个布尔值，指明变量是否已进行初始化
IsNull（）	返回一个布尔值，指明一个表达式是否包含非有效数据（Null）
IsNumeric（）	返回一个布尔值，指明一个表达式是否可计算出数值
IsObject（）	返回一个布尔值，指明一个表达式是否引用一个有效的 Automation 对象
Join（）	返回一个字符串，该字符串由一个数组中所包含的子字符串连接而成
LBound（）	返回数组的指定维上最小可用的下标
LCase（）	返回一个已转换为小写的字符串
Left（）	返回字符串左端的指定数量的字符
Len（）	返回一个字符串中的字符数或存储一个变量所需的字节数
Log（）	返回一个数的自然对数值
LTrim（）	返回一个已删除串首空格的复制字符串
Mid（）	返回在一个字符串中指定数量的字符
Minute（）	返回 0 到 59 之间的一个整数，代表一个小时中的分钟值
Month（）	返回 0 到 12 之间的一个整数，代表一年中的月份值
MonthName（）	返回一个字符串，指明所指定的月份
MsgBox（）	在对话框中显示一条消息，等待用户单击某个按钮，并返回一个值，该值指明用户单击的是哪个按钮
Now（）	返回与计算机的系统日期和时间相对应的当前日期和时间
Oct（）	返回一个字符串，代表一个数的八进制值
Replace（）	返回一个字符串，其中指定的子字符串已被另一个子字符串替换了指定的次数
Right（）	返回字符串中从右端开始计的指定数量的字符
Rnd（）	返回一个随机数
Round（）	返回一个数，该数已被舍入为小数点后指定位数

函　数	说　　明
RTrim（）	返回一个复制的字符串，其中已删除结尾的空格
Second（）	返回一个 0 到 59 之间的整数，代表一分钟内的多少秒
Sgn（）	返回一个整数，指明一个数的正负
Sin（）	返回一个角度的正弦值
Space（）	返回一个由指定数量的空格组成的字符串
Split（）	返回一个从零开始编号的一维数组，其中包含指定数量的字符串
Sqr（）	返回一个数的平方根
StrComp（）	返回一个值，指明字符串比较的结果
String（）	返回一个指定长度的重复字符串
StrReverse（）	返回一个字符串，其中指定字符串中的字符顺序颠倒过来
Tan（）	返回一个角度的正切值
Time（）	返回一个子类型为 Date 的 Variant，指明当前的系统时间
Timer（）	返回 12：00 AM（午夜）后已经过的秒数
TimeSerial（）	返回一个子类型为 Date 的 Variant，包含特定时分秒的时间
TimeValue（）	返回一个子类型为 Date 的 Variant，包含时间
Trim（）	返回一个复制的字符串，其中已删除串首和串尾的空格
TypeName（）	返回一个字符串，其中提供了一个变量的 Variant 子类型信息
UBound（）	返回一个数字的指定维上可用的最大下标
UCase（）	返回一个已转换为大写的字符串
VarType（）	返回一个值，指明一个变量的子类型
Weekday（）	返回一个整数，代表一周中的第几天
WeekdayName（）	返回一个字符串，指明所指定的是星期几
Year（）	返回一个代表年份的整数

　　函数和过程一样都是命名了的代码块，它们的区别是，过程完成程序任务，函数则返回值。可以认为过程像一个完整的句子，而函数则像一个单词。例如当想获取某个数的平方根，只要将该数传给 VBScript 的 Sqr（）函数，此函数会立即返回该数的平方根。如：A = sqr(9)，则 A = 3。

4.10　拓展训练

　　（1）利用循环语句输出如图 4 - 8 所示的九九乘法表。

程序如下：

```
<%
for row＝1 to 9
for col＝1 to row
        Response. Write col&" * "&row&" ="&col* row&" "
next
    response. Write " <br>"
next
%>
```

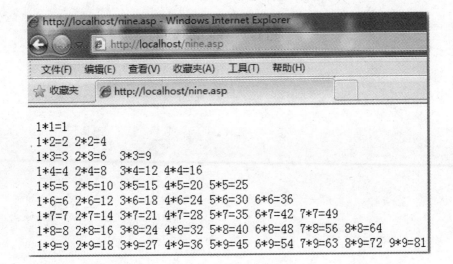

图 4－8　九九乘法表

（2）编程回答问题：有 100 个和尚吃 100 个馒头，大和尚 1 人吃 4 个，小和尚 4 人吃 1 个，问有多少个大和尚和多少个小和尚？

程序如下：

```
<%
Dim I,J,ren,mantou
For I＝1 To 100                    ' 大和尚从 1 到 100 循环
    For J＝1 To 100               '小和尚从 1 到 100 循环
        ren＝I＋J                  ' 计算总人数
        mantou＝I* 4＋J* 0.25      ' 计算总馒头数
        If ren＝100 And mantou＝100 Then
            Response. write" <br>大人 =" & I & " 小孩 =" & J
        End If
    Next
  Next
%>
```

运行此程序，结果如图4-9所示。

大人=20 小孩=80

图4-9　运行结果

项目 5   ASP 内置对象

5.1   项目描述

在 ASP 中，可以使用的对象有 ASP 内置对象、ActiveX 组件提供的对象和 VBScript 提供的对象。

ASP 提供了 5 个常用内置对象，可以直接使用，不需要创建。利用这些内置对象能够非常方便地实现很多常用的功能。

（1）Response 对象：用于向客户端浏览器发送数据。用户可以使用该对象将服务器的数据以 HTML 的格式发送到用户端的浏览器。

（2）Request 对象：用于接收客户信息，常被用来读取来自浏览器的请求信息。该对象最常用的是读取 HTML 表单的信息。

（3）Session 对象：存储、读取特定连接者的对话信息，可以简单理解为"私有变量"。如：当用户在 Web 页之间跳转时，Session 对象在整个用户会话中一直存在。典型应用有在线人数统计、限制未登录用户的访问系统。

（4）Application 对象：存储、读取用户共享的应用程序信息，可以简单理解为"公有变量"。如：用该对象在网站的不同连接者之间传递共用信息。典型应用有网站访问总人数统计、聊天室。

（5）Server 对象：提供对服务器上的方法和属性的访问，其中大多数方法和属性是作为实用程序的功能服务的。

ASP 各个对象之间的关系如图 5 - 1 所示。Request 与 Response 组成了一对接收、发送数据的对象，这也是实现动态的基础。Session 存储单个客户的信息，Application 存放所有用户之间的共享信息。Server 主要功能是进行服务器相关操作。

5.2   知识链接

面向对象技术（Object-Oriented Technology，OOT）是一种软件开发和程序设计技术，目前已遍及计算机软件的各个领域。ASP 是基于对象编程的，自身面向对象的机制并不完善。

（1）对象（Object）。对象就像我们生活中所看到的各种物体，比如计算机等。在 ASP 中，对象具有属性、方法、事件以及集合 4 个特性。

（2）属性（Property）。属性是用来描述对象的特性，用于读取或设置对象的状态。例如：计算机是一种对象，而计算机的等级、制造厂商等可以描述计算的特性就称为属性。

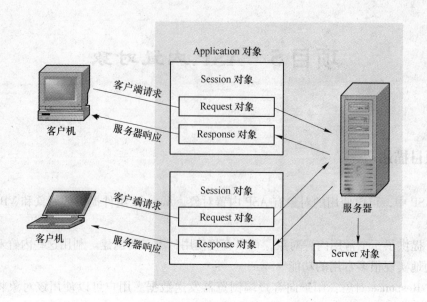

图 5 - 1　ASP 各个对象之间的关系

获取对象属性的语法格式为：

$$variable = Object. Property$$

设置对象属性的语法格式为：

$$Object. Property = value$$

（3）方法（Method）。方法代表对象所完成的特定功能，用来执行对象的动作。比如说：计算机是一种对象，而开机、关机、执行应用程序、扫描硬盘等操作则是这个对象的方法。

调用对象方法的语法格式为：

$$Object. Method Parameters$$

（4）事件（Event）。事件描述了对象做出响应时特定的状态，是指在某些情况下发生特定信号的时候警告你，例如计算机对停电的响应是停止工作。

（5）集合（Collection）。集合指的是一群放在一起的"值"，包含了与对象相关的关键字及其相应数据。访问集合中的元素共有两种方式：通过元素名称或索引访问集合的特定元素、枚举集合中所有的元素。

5.3　使用 Response 对象输出服务端结果

Response 对象用于向客户端浏览器发送数据，用户可以使用该对象将服务器的数据以 HTML 的格式发送到用户端的浏览器。Response 对象具有集合、属性和方法，但没有事件，见表 5 - 1 ~ 表 5 - 3。

表 5 – 1   **Response** 对象的集合

集 合 名	集 合 说 明
Cookies	在当前 HTTP 响应中，服务器发回给客户端的所有 Cookie 值

表 5 – 2   **Response** 对象的属性

属 性 名	属 性 说 明
Buffer	表明由一个 ASP 页所创建的输出是否一直存放在 IIS 缓冲区，直到当前页面的所有服务器脚本处理完毕或 Flush、End 方法被调用；在任何输出（包括 HTTP 报头信息）送往 IIS 之前这个属性必须设置；因此在 .asp 文件中，这个设置应该在 < % @ language = ……% > 语句后面的第一行；ASP 3.0 缺省设置缓冲为开（True），而在早期版本中缺省为关（False）
Expires	读/写，数值型，指明页面有效的以分钟计算的时间长度，假如用户请求其有效期满之前的相同页面，将直接读取显示缓冲中的内容，这个有效期间过后，页面将不再保留在私有（用户）或公用（代理服务器）缓冲中
ExpiresAbsolute	读/写，日期/时间型，指明当一个页面过期和不再有效时的绝对日期和时间
PICS	只写，字符型，创建一个 PICS 报头并将之加到响应中的 HTTP 报头中，PICS 报头定义页面内容中的词汇等级，如暴力、性、不良语言等
Status	读/写，字符型，指明发回客户的响应的 HTTP 报头中表明错误或页面处理是否成功的状态值和信息，例如 "200 OK" 和 "404 Not Found"

表 5 – 3   **Response** 对象的方法

方 法 名	方 法 说 明
BinaryWrite（data）	在当前的 HTTP 输出流中写入 Variant 类型的 SafeArray，而不经过任何字符转换；对于写入非字符串的信息，例如定制的应用程序请求的二进制数据或组成图像文件的二进制字节，是非常有用的
Clear（）	当 Response.Buffer 为 True 时，从 IIS 响应缓冲中删除现存的缓冲页面内容，但不删除 HTTP 响应的报头，可用来放弃部分完成的页面
End（）	让 ASP 结束处理页面的脚本，并返回当前已创建的内容，然后放弃页面的任何进一步处理
Flush（）	发送 IIS 缓冲中所有当前缓冲页给客户端；当 Response.Buffer 为 True 时，可以用来发送较大页面的部分内容给个别的用户
Redirect（url）	通过在响应中发送一个 "302 Object Moved" HTTP 报头，指示浏览器根据字符串 url 下载相应地址的页面
Write（string）	在当前的 HTTP 响应信息流和 IIS 缓冲区写入指定的字符，使之成为返回页面的一部分

5.3.1   使用 Response.Write 输出信息

Response.Write 方法用于将指定的字符串写入客户端浏览器。其语法格式如下：

Response . Write （variant）

或

Response . Write variant

　　参数 variant 指定将要写入客户端浏览器内容，可以是字符、字符串或数值等类型的常量或变量。

　　(1) 使用 Response.Write 方法输出字符串，如果同时输出不同的数据段，用 & 或 + 连接符连接，建议使用 & 连接。

　　(2) 由于 Response.Write 方法使用频率非常高，为了书写方便，也可以使用 < % = variant % > 的省略形式来代替 Response.Write variant。使用省略形式时需要注意：要将每一个准备输出的变量或字符串常量都用 < % 和 % > 括起来。

　　(3) 假如要输出 " 时，需用 " " 字符来代替，即 Response.Write " " " " ，前后的 " 可以理解为 Response.Write 方法本身要求的定界符。当然也可以输出 " 的 ASCII，即 Response.Writechr (34)。

　　(4) 使用 Response.Write 输出 HTML 标记时，并不会原样输出，浏览器会解释该 HTML 标记，并按指定格式显示给用户。注意：输出时 HTML 脚本里的双引号应该写成单引号，或不写。

　　【例 5 - 1】　使用 Response.Write 输出信息。

```
< %
Response. Write " Welcome to ASP world!" + " < br > "
result = 2 * 3
    Response. Write " The result is:"&result&" < br > "
    Response. Write " " " "&" < br > "   '
    Response. Write chr(34)&" < br > "
    Response. Write " < input type = 'text' name = 'str' > "&" < br > "
% >
当前月份： < % = month(date())% > < hr />
 < %
for i = 1 to 5
    s = " < h"&i&" > 第"&i&"级标题样式 < /h"&i&" > "
    response. write(s)
next
% >
```

　　执行结果如图 5 - 2 所示。

5.3.2　使用 Response. Redirect 重定向网页

　　Response. Redirect 方法可以将客户从一个页面重定向到另一个页面。在 HTML 语言中，超链接标记 < a > < /a > 可以实现从一个页面到另一个页面的跳转，但是它的前提是需要用户自己单击该链接。Response. Redirect 方法则不同，它可以在页面程序的控制下，实现自动跳转。

　　Response. Redirect 的语法格式如下：

Response . Redirect(url)

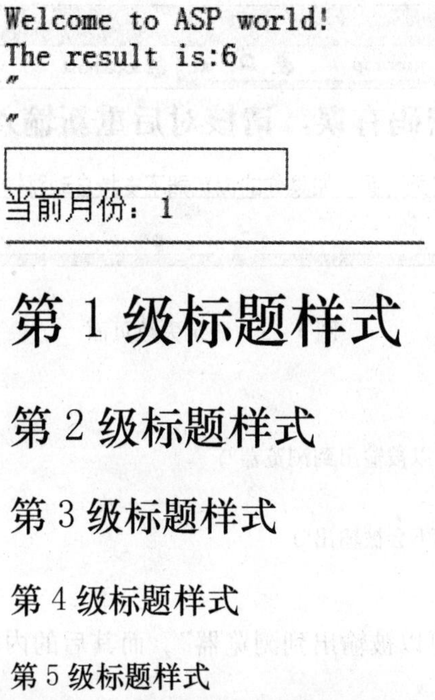

```
Welcome to ASP world!
The result is:6
```

第 1 级标题样式

第 2 级标题样式

第 3 级标题样式

第 4 级标题样式

第 5 级标题样式

当前月份：1

图 5 – 2   Response. Write 输出效果

其中 url 参数是能代表一个网址的字符串常量或变量，指示了客户浏览器将要被重新定向的目的页面。

【例 5 – 2】   使用 Response. Redirect 重定向网页。

现实应用中，如果用户登录成功，服务器自动将客户页面重新定向到教程显示页面，否则，服务器就将客户重定向到登录失败页面。其主要代码如下。（login_ error. asp、show. asp 自行制作）

```
< %
    if name = " gates" and pswd = " 517479" then
        Response. Redirect(" login_error. asp")
    else
        Response. Redirect(" show. asp")
    end if
% >
```

执行结果如图 5 – 3 所示。

5.3.3   使用 Response. End 停止脚本处理

Response. End 方法的作用是使 Web 服务器停止处理脚本并返回当前结果，此语句后面的内容将不被处理。例如：

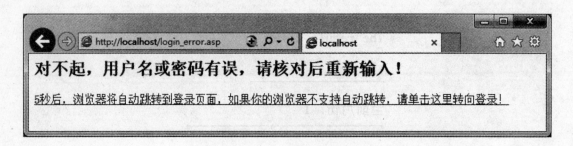

图 5 - 3　登录失败页面

```
<%
  Response. Write(" 此句可以被输出到浏览器")
  Response. End()
  Response. Write(" 这一句不会被输出")
% >
```

在网页上显示"此句可以被输出到浏览器",而其后的内容被强制结束,所以不显示
"这一句不会被输出"。

【例 5 -3】　使用 Response. End 停止脚本处理。

假定需要控制用户在凌晨一点至六点间,不能访问该页。代码可以为如下。

```
<%
  Response. buffer = true
  h = hour(time())
  if h > =0 and h < =6 then
      response. write(" 这段时间内不可以浏览本页面")
      response. end()
  end if
% >
```

5.3.4　拓展训练

在 ASP 中,实现如图 5 -4 所示的背景交替的表格,要求利用 For…Next 循环语句。
参考代码如下:

```
< table width = " 80% " border = " 0" >
<%
for i =1 to 10
if i mod 2 =0 then
    bgcolor = " #FFFF00"
    else
    bgcolor = " #FF00FF"
    end if
```

```
% >
< tr >
< td bgcolor = < % = bgcolor% > >   </td >
< td bgcolor = < % = bgcolor% > >   </td >
< td bgcolor = < % = bgcolor% > >   </td >
</ tr >
< % next% >
</ table >
```

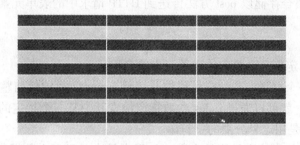

图 5 - 4   背景交替的表格

5.4   使用 Request 对象获取客户端信息

要动态生成用户所需要的页面，首先必须获取用户从客户端浏览器提交的信息。通过 Request 对象，服务器可以获取客户端相关信息。这些信息包括能够标识浏览器和用户的 HTTP 变量、存储在客户端的 Cookie 信息以及附在 url 后面的值（url 参数或页面中表单元素的值）。Request 对象具有集合、属性和方法，但没有事件，见表 5 - 4 ~ 表 5 - 6。

表 5 - 4   Request 对象的集合

集 合 名	存 储 的 信 息
QueryString	HTTP 查询字符串中变量的值
Form	以 post 方式提交的表单中所有控件的值
Cookies	客户端 Cookie 值的集合
ClientCertificate	发出页面请求时，客户端用来表明身份的客户证书中的所有字段或条目的数值集合
ServerVariables	用户 HTTP 请求的报头值以及 Web 服务器环境变量的集合

表 5 - 5   Request 对象的属性

属 性 名	属 性 说 明
TotalBytes	返回客户请求的总字节数，是一个只读属性

表 5 – 6　**Request 对象的方法**

方 法 名	方 法 说 明
BinaryRead（count）	当数据作为 post 请求的一部分发往服务器时，从客户请求中获得 count 字节的数据，返回一个 Variant 数组（或者 SafeArray）；如果 ASP 代码已经引用了 Request. Form 集合，这个方法就不能用；同样，如果用了 BinaryRead 方法，就不能访问 Request. Form 集合

5.4.1　使用 Request. Form 获取表单传递的数据

Request. Form 集合存储以 post 方法传送到 HTTP 请求中的表单元素的值，其语法格式如下：

$$Request. Form(element) [(index) |. Count]$$

参数 element 指定集合要检索的表单元素的名称。

参数 index 是一个可选参数，它可以取从 1 到 count 之间的任何整数，如果被检索的变量中包含多个值，就可以通过 index 参数指定检索其中某一个特定的值，如果没有指定 index 则返回的数据是用逗号分隔的字符串。

参数 count 是被检索的变量值的个数，如果变量未关联多个数据集则计数为 1，如果找不到变量则计数为 0。

【例 5 – 4】　使用 Request. Form 获取表单传递的数据。

本例是根据先生或女士显示人生格言。

（1）如果人生格言不为空，所填写的性别是先生，则显示"先生，您的人生格言为：×××"；如果性别为女士，则显示"女士，您的人生格言为：×××"。

（2）如果人生格言为空，则显示"人生格言没有填写！"。

共涉及两个网页，其中表单提交页自行设计，参考效果如图 5 – 5 所示。

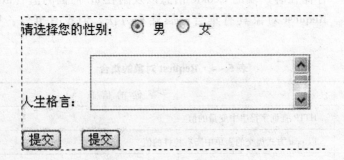

图 5 – 5　表单提交页效果

提交结果处理页的参考代码如下。

```
<%
    dim xingbie,geyan
    xingbie = Request. Form(" xingbie")
    geyan = Request. Form(" geyan")
```

```
    if geyan < > " " then
      if xingbie = " 男" then
          Response. Write(" 先生,您的人生格言为:"& geyan)
      else
          Response. Write(" 女士,您的人生格言为:"& geyan)
      end if
    else
          Response. Write(" 人生格言没有填写!")
    end if
% >
```

5.4.2 使用 Request. QueryString 获取网址参数信息

Request 对象的 QueryString 集合是 Request 对象常用的一个集合,它可以自表单中获取以 get 方式提交的数据。get 方式将表单中的数据直接附加到 url 地址栏的后面提交给服务器,限定了数据的长度。

QueryString 集合与 Form 集合的区别是:

(1) Form 是用来接收表单变量的(post 方法);QueryString 是接收 url 参数的(get 方法)。

(2) 两者除了接收方法不同外,还有传递数据量大小的问题,Request. Form 能接收的数据没有限制,而 Request. QueryString 只能接收数据量小于 2KB 数据,因此后者的执行速度要比前者快。

(3) QueryString 集合将表单中的数据直接附加到 url 地址栏的后面提交给服务器(明文传送),安全性较差。

特别提示:Request 对象也可以不指明具体使用 Form 还是 QueryString,如 Request ("变量"),不过建议指明为好,否则,要它自己判断也得花些时间,影响程序执行效率。

产生查询字符串的方式有多种。可以在超链接标记对 < a > </a > 嵌入查询字符串,例如:

< a href = " http://localhost/test/names. asp? name = John&age =30" >QueryString 获取信息示例 </a >

单击此链接后,name 和 age 两个变量及其值就会附加在所请求页面的 url 后面,产生了 QUERY_ STRING 值:name = John&age = 30。若要在 showmsg. asp 页面里获取 name 和 age 变量值,就可以利用 QueryString 方法。如:

Hi, <% = Request. QueryString(" name")% >.
Your age is <% = Request. QueryString(" age")% >.

输出结果应该是:Hi, John. Your age is 30。

5.4.3 使用 Request. ServerVariables 读取环境变量信息

通过 Request. ServerVariables 集合可以取得服务器端的环境变量信息。这些信息包括发出请求的浏览器信息、构成请求的 HTTP 方法、客户端的 IP 地址等。服务器环境变量对 ASP 程序有很大帮助，使程序能够根据不同情况进行判断，提供程序的健壮性。需要说明的是，服务器环境变量是只读变量，只能查阅，不能设置。Request. ServerVariables 的语法格式如下：

Request. ServerVariables（server_ environment_ variable）

其中参数 server_ environment_ variable 表示服务器变量，见表 5 - 7。

表 5 - 7 服务器环境变量

变 量	描 述
ALL_ HTTP	客户端发送的所有 HTTP 标题文件
ALL_ RAW	检索未处理表格中所有的标题；ALL_ RAW 和 ALL_ HTTP 不同，ALL_ HTTP 在标题文件名前面放置 HTTP_ prefix，并且标题名称总是大写的；使用 ALL_ RAW 时，标题名称和值只在客户端发送时才出现
APPL_ MD_ PATH	检索 ISAPI DLL 的（WAM）Application 的元数据库路径
APPL_ PHYSICAL_ PATH	检索与元数据库路径相应的物理路径；IIS 通过将 APPL_ MD_ PATH 转换为物理（目录）路径以返回值
AUTH_ PASSWORD	该值输入到客户端的鉴定对话中；只有使用基本鉴定时，该变量才可用
AUTH_ TYPE	这是用户访问受保护的脚本时，服务器用于检验用户的验证方法
AUTH_ USER	未被鉴定的用户名
CERT_ COOKIE	客户端验证的唯一 ID，以字符串方式返回；可作为整个客户端验证的签字
CERT_ FLAGS	如果有客户端验证，则 bit0 为 1。如果客户端验证的验证人无效（不在服务器承认的 CA 列表中），则 bit1 被设置为 1
CERT_ ISSUER	用户验证中的颁布者字段（O = MS，OU = IAS，CN = user name，C = USA）
CERT_ KEYSIZE	安全套接字层连接关键字的位数，如 128
CERT_ SECRETKEYSIZE	服务器验证私人关键字的位数，如 1024
CERT_ SERIALNUMBER	用户验证的序列号字段
CERT_ SERVER_ ISSUER	服务器验证的颁发者字段
CERT_ SERVER_ SUBJECT	服务器验证的主字段
CERT_ SUBJECT	客户端验证的主字段
CONTENT_ LENGTH	客户端发出内容的长度
CONTENT_ TYPE	内容的数据类型，同附加信息的查询一起使用，如 HTTP 查询 get、post 和 put
GATEWAY_ INTERFACE	服务器使用的 CGI 规格的修订，格式为 CGI/revision
HTTP_ < HeaderName >	HeaderName 存储在标题文件中的值；未列入该表的标题文件必须以 HTTP_ 作为前缀，以使 ServerVariables 集合检索其值
HTTPS	如果请求穿过安全通道（SSL），则返回 ON；如果请求来自非安全通道，则返回 OFF
INSTANCE_ ID	文本格式 IIS 实例的 ID；如果实例 ID 为 1，则以字符形式出现；使用该变量可以检索请求所属的（元数据库中）Web 服务器实例的 ID
INSTANCE_ META_ PATH	响应请求的 IIS 实例的元数据库路径
LOCAL_ ADDR	返回接受请求的服务器地址；如果在绑定多个 IP 地址的多宿主机器上查找请求所使用的地址时，这条变量非常重要

变　量	描　　述
LOGON_ USER	用户登录 Windows NT® 的账号
PATH_ INFO	客户端提供的额外路径信息；可以使用这些虚拟路径和 PATH_ INFO 服务器变量访问脚本；如果该信息来自 url，在到达 CGI 脚本前就已经由服务器解码了
PATH_ TRANSLATED	PATH_ INFO 转换后的版本，该变量获取路径并进行必要的由虚拟至物理的映射
QUERY_ STRING	查询 HTTP 请求中问号（?）后的信息
REMOTE_ ADDR	发出请求的远程主机的 IP 地址
REMOTE_ HOST	发出请求的主机名称；如果服务器无此信息，它将设置为空的 MOTE_ ADDR 变量
REMOTE_ USER	用户发送的未映射的用户名字符串；该名称是用户实际发送的名称，与服务器上验证过滤器修改过后的名称相对
REQUEST_ METHOD	该方法用于提出请求；相当于用于 HTTP 的 get、head、post 等等
SCRIPT_ NAME	执行脚本的虚拟路径；用于自引用的 url
SERVER_ NAME	出现在自引用 UAL 中的服务器主机名、DNS 化名或 IP 地址
SERVER_ PORT	发送请求的端口号
SERVER_ PORT_ SECURE	包含 0 或 1 的字符串；如果安全端口处理了请求，则为 1，否则为 0
SERVER_ PROTOCOL	请求信息协议的名称和修订，格式为 protocol/revision
SERVER_ SOFTWARE	应答请求并运行网关的服务器软件的名称和版本，格式为 name/version
URL	提供 url 的基本部分

服务器的环境变量包含的内容比较多，可以采用 for each 循环进行遍历查看，代码如下。这样就可以很直观地看到想要的结果。

```
< % for each i in request. servervariables% >
    < % = i% > : < % = request. servervariables(i)% >
    < hr / >
< % Next% >
```

5.4.4　拓展训练

编写"网页计算器"，模拟计算器的加、减、乘、除运算，输入一个数，然后选择运算方式，再输入另一个数，提交后可以得到运算结果。要求：

（1）如果其一个或两个数输入的不是数字，则提示"对不起，你输入的不是数字！请点击重新输入！点击"，点击"点击"链接可以返回。

（2）最多允许输入 8 位数。

（3）如果输入正确则显示"结果为：××"。

该任务设计两个文件，其中表单提交文件 jisuan. html 的制作步骤如下：

（1）插入一个表单，在表单中输入文字"数字 1"，并插入文本框，名称为"shu1"，

字符宽度 8，最多字符 8。插入下拉列表，名称为"yunsuan"，类型为菜单，列表值为 +
→jia，－→jian，∗→cheng，/→chu。

（2）输入文字"数字 2"，并插入文本框，名称为"shu2"，字符宽度 8，最多字符 8。

（3）插入两个按钮，分别为计算和重置。

（4）表单名称"Form1"，提交方法"get"，动作为"jisuan. asp"。

另外一个文件用于提交后处理，即完成计算功能，参考代码如下：

```
<%
dim m1,m2,yunsuan,jieguo
m1 = request. QueryString(" shu1")
m2 = request. QueryString(" shu2")
yunsuan = request. QueryString(" yunsuan")
if isNumeric(m1) and is Numeric(m2) then
    m1 = csng(m1)
    m2 = csng(m2)
    if yunsuan = " jia" then
        jieguo = m1 + m2
    else if yunsuan = " jian" then
        jieguo = m1 - m2
    else if yunsuan = " cheng" then
        jieguo = m1 * m2
    else
        jieguo = m1 /m2
    end if
    response. Write(" 运算结果为:"& jieguo)
else
    response. Write(" 对不起,你输入的不是数字! 请点击重新输入! < a href = index2. asp > 点击 </a
>")
    end if
% >
```

5.5　使用 Session 对象记录用户状态

Session 对象是用来保存用户信息的，它所存储的信息不会因为用户从一个页面转到
另一个页面而丢失。Session 的工作原理为：当客户连接上一个 Web 应用程序时，就会启
动一个 Session，这时 ASP 会自动产生一个长整数 SessionID，并且把这个长整数返回给客
户端浏览器；然后客户端浏览器会把这个长整数存入 Cookies 内（Cookies 是客户端硬盘上
的一块小的存储空间，一般用来存放服务器返回的该客户的信息，如果出于安全考虑，客
户端禁用 Cookies 的话，Session 也就无法使用了）；当客户再次向服务器发出 HTTP 请求
时，ASP 就会自动检查 SessionID，并返回该 SessionID 对应的 Session 信息。

Session 对象的属性、方法、事件，见表 5 - 8 ~ 表 5 - 10。

表 5 – 8　Session 对象的属性

属　　性	属　性　说　明
SessionID	存储用户的 SessionID 值
Timeout	Session 对象的有效期

表 5 – 9　Session 对象的方法

方　法	方　法　说　明
Abandon	销毁 Session 对象，释放相关资源

表 5 – 10　Session 对象的事件

事　件	事　件　说　明
Session_ OnStart	开始创建新的 Session 对象时，产生该事件
Session_ OnEnd	销毁 Session 对象或 Session 对象超时时，产生该事件

5.5.1　利用 Session 存储、读取信息

利用 Session 对象可以很容易地存储用户的会话信息，其语法格式如下：

Session("集合项名") = 变量、字符串或数值

下面是使用 Session 对象存储用户信息的范例，其运行效果如图 5 – 6 所示。

```
< %
Dim user_name
user_name = " 刘四"
Session(" yhm") = user_name          ' 给 Session 赋值,Session 会自动创建
Session(" nl") = 34                    ' 直接给 Session 赋值,也会自动创建
response. write(" < a href = ' xianshi. asp' >单击显示用户信息 </a >")
% >
```

图 5 – 6　Session 存储信息

利用 Session 对象也可以很容易地读取用户的已有会话信息。其语法如下：

变量 = Session("集合项名")

下面是使用 Session 对象读取用户信息的范例，其运行结果如图 5 - 7 所示。

```
<%
Dim yonghuming,nianling
yonghuming = Session(" yhm")        ' 从 Session 中取出值赋给变量 yhm
nianling = Session(" nl")'        从 Session 中取出值赋给变量 nl
response. write(yonghuming & ",欢迎学习 ASP！ <br >")
response. write(" 您的年龄是" & nianling)
% >
```

图 5 - 7　Session 读取信息

5.5.2　拓展训练

使用 session 限制未登录用户的访问。

在 ASP 系统中，用户登录后，将用户名、密码信息保存到 Session 对象中，在打开其他页时不用再登录。如果没有登录成功过，非法用户即使直接输入正确的页面地址，也不能访问页面，而是转向登录页面，登录成功才可以访问。

本例用到 4 个文件，分别为 login. asp、yanzheng. asp、xinxi1. asp 和 xinxi2. asp。

（1）新建用户输入信息的文件 login. asp，用于用户登录。插入一个表单，在表单中输入文字"用户名："，并插入文本框，名称为"yonghu"，字符宽度 16，最多字符 16；输入文字"密码："，插入文本框，名称为"mima"，字符宽度 16，最多字符 16；插入两个按钮，分别为提交和重置；表单名称"Form1"，提交方法"post"，动作为"yanzheng. asp"。运行效果如图 5 - 8 所示。

（2）编写 yanzheng. asp 文件，用于验证用户输入的信息是否正确，并利用 Session 对象存储。代码如下：

```
<%
dim yhm,mm
yhm = request. Form(" yonghu")
```

```
mm = request. Form(" mima")
if yhm = " " or mm = " " then
   response. Write(" 信息填写不完整,请 < a href = 'index3. asp' > 重新填写 </a > ")
else
   if yhm = " 123" and mm = " 456" then      ' 预设用户 123、密码 456
   session(" username") = " 123"              ' 正确则存储用户
   session(" password") = " 456"              ' 正确则存储密码
   session. Timeout = 60                      ' 保存 60 分钟
   response. Redirect("xinxi1. asp")          ' 转向 xinxi1. asp
else
   response. Write(" 用户和密码有误! 请 < a href = ' login. asp' > 重新登录 </a > ")
   end if
end if
% >
```

用户名：　　　　　　　　　　　　

密　码：　　　　　　　　　　　　

提交　　重置

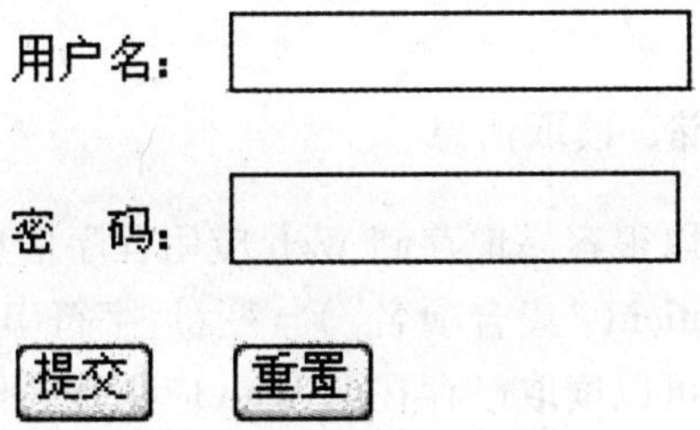

图 5 - 8　用户登录界面

（3）自行设计 xinxi1. asp,用户成功登录后进入的文件。

（4）编写 xinxi2. asp,只有登录过的用户可以查看,限制未登录用户的访问;如果用户在登录前直接进入 xinxi2. asp,则被引导到 login. asp 文件登录。代码如下：

```
< %
dim yonghu,mima
yonghu = session(" username")
mima = session(" password")
if yonghu < > " 123" or mima < > " 456" then
   response. Redirect(" login. asp")   ' 未登录则返回登录页面
end if
% >
……xinxi2. asp 正文内容
```

5.6　使用 Application 对象记录网站全局信息

要存储一些能供所有正在访问某 Web 应用程序使用的"全局"信息,需要利用 Application 对象。Application 对象是在 Web 服务启动的时候创建的，且是一直存在的，除非 Web 服务重启或者服务器停止。Application 对象是供所有用户一起使用的对象，通过该对象，所有用户都可以存储或获取信息。

Application 对象的方法和事件分别见表 5 – 11 和表 5 – 12。

表 5 – 11　Application 对象的方法

方　　法	方　法　说　明
Lock	锁定 Application 对象，阻止其他用户修改 Application 对象属性值
Unlock	解除锁定

表 5 – 12　Application 对象的事件

事　　件	事　件　说　明
Application＿ OnStart	开始创建新的 Application 对象时，产生该事件
Application＿ OnEnd	Application 对象结束时，产生该事件

5.6.1　利用 Application 存储、读取信息

利用 Application 对象可以很容易地存储 Web 应用程序信息。其语法格式如下：

　　　　　Application（"集合项名"）= 变量、字符串或数值

利用 Application 对象也可以读取已存在的 Web 应用程序信息。其语法格式如下：

　　　　　变量 = Application（"集合项名"）

下面是利用 Application 存储、读取信息的范例。

```
< %
  '以下利用 application 存储变量
    application(" welc") = " 欢迎光临"
    application(" name") = " 张三"
    application(" index") = " 主页"
  '以下输出已存变量
response. write(application(" welc"))
response. write(application(" name"))
response. write(application(" index"))
  % >
```

此时，application（"welc"）、application（"name"）、application（"index"）这三个变量，存在的有效时间是从打开应用程序一直到关闭应用程序。所有的用户可以共享使用，并且任何一个用户都可以修改。

5.6.2　拓展训练

制作网站计数器。

在 ASP 中，有个文件为 Global. asa，它可以管理 Application 对象和 Session 对象。

Global. asa 其实是一个可选文件，该文件必须存放在应用程序的根目录内，每个应用程序只能有一个 Global. asa 文件。

Global. asa 文件一般写四个事件：

（1） Application_ OnStart：第一个人第一次访问网站。

（2） Session_ OnStart：每个人第一次访问网站。

（3） Session_ OnEnd：每个人离开网站。

（4） Application_ OnEnd：最后一个人离开网站。

Global. asa 文件的基本结构如下：

```
< SCRIPT LANGUAGE = " VBScript" RUNAT = " Server" >
Sub Application_OnStart
    ……        '当任何客户首次访问该应用程序的首页时触发该事件
End Sub
Sub Session_OnStart
    ……        '当首次运行 ASP 应用程序中的任何一个页面时触发该事件
End Sub
Sub Session_OnEnd
    ……        '当一个客户的会话超时或退出应用程序时触发该事件
End Sub
Sub Application_OnEnd
    ……        '当该站点的 WEB 服务器关闭时触发该事件
End Sub
</SCRIPT >
```

（1） 建立 Global. asa 文件，在 Application_ OnStart 事件中定义 "全局变量" application （" counter" ），每当用户访问应用程序时将此变量累加 1。

```
< %
if isempty(application(" counter")) then
    application. lock
    application(" counter") =0    '没有变量 counter,则设为 0
    application. unlock
end if
' 访问量累加 1
application. lock        '加锁,阻止同一时刻其他用户修改 counter 值
application(" counter") = application(" counter") +1
application. unlock    '解锁,使得下一用户可以修改 counter 值
% >
```

（2） 在主页 index. asp 引用 application (" counter" ），在适当地方添加如下语句，输出访问网站的总人数。

欢迎光临,你是本页的第 < % = application(" counter ") % >位客人!

5.7　使用 Server 对象访问服务器信息

Server 对象是 ASP 里面一个非常重要的内置对象，通过它可以访问服务器上的方法或属性，这些服务器方法或属性通常都是非常有用的。

Server 对象具有属性和方法，但没有事件和集合。Server 对象的属性、方法分别见表 5 – 13、表 5 – 14。

表 5 – 13　Server 对象的属性

属　　性	属　性　说　明
ScriptTimeout	规定脚本的最长执行时间，超时则停止脚本的执行，缺省值为 90 秒

表 5 – 14　Server 对象的方法

方　　法	方　法　说　明
CreateObject	Server 对象中最重要的方法，用于创建已注册到服务器端的 ActiveX 组件实例对象
HTMLEncode	将字符串转换成 HTML 格式输出
MapPath	将相对或绝对路径转化为物理路径
URLEncode	将字符串转化成 url 的编码输出

5.7.1　使用 Server. CreateObject 创建组件实例

在 ASP 页面的脚本中，可以直接使用 ASP 内建对象，不需要创建。而在使用 ActiveX 组件时，必须先创建组件的实例，然后才能使用组件提供的对象。组件的实例需使用 ASP 内置对象 Server 的 CreateObject 方法创建或删除。

Server. CreateObjcet 方法用于创建已注册到服务器的 ActiveX 组件的实例，这些 ActiveX 组件既可以是 ASP 内置组件，如数据库访问组件，又可以是第三方提供的组件。

创建组件实例语法格式如下：

Set obj　=　Server. CreateObject（"ObjectID"）

obj 为储存此对象的实例；ObjectID 用于指定要创建的对象的类型。常用的服务器组件有 ADODB. Connection、ADODB. Recordset、ADODB. Command、Script. FileSystemObject、MSWC. AdRotator、MSWC. Counter 等。

例如，为了能够连接数据库，在许多页面都有如下代码用于创建数据库连接组件实例：

< % set conn = Server. CreateObject（"ADODB. Connection"）　>

毫无疑问，组件实例使用完后，应该删除，以节约服务器资源。删除组件实例语法格式为：

< % set 对象实例名　=　nothing % >

例如：

```
<% set conn = nothing % >
```

5. 7. 2　使用 Server. MapPath 取得绝对路径

Server. MapPath 方法可以获取返回服务器上的虚拟路径的实际物理路径。

Server. MapPath 方法是将 Web 服务器上的各种虚拟路径和实际的物理路径结合起来。利用 Server. MapPath 方法可以有效地管理 Web 服务器上的文件和访问服务器上其他文件。其语法格式为：

Server. MapPath(虚拟路径)

其中虚拟路径可以是相对路径，也可是（Web 站点）绝对路径。注意：该方法不检查返回的路径是否正确或在服务器上是否存在。

例如：获取当前文件所在文件夹的实际物理路径，代码如下：

```
<% = Server. MapPath(". ")% >
```

获取 Web 站点根目录的实际物理路径，代码如下：

```
<% = Server. MapPath("/")% >
```

获取当前文件所在的文件夹的下一级文件夹（data）下的文件（user. mdb）的实际物理路径，代码如下：

```
<% = Server. MapPath(" data\user. mdb")% >
```

获取 Web 站点根目录下名为 test 的目录（或虚拟目录）的实际物理路径，代码如下：

```
<% = Server. MapPath("\test")% >
```

相对路径是相对于本 ASP 文件（当前文件）的路径。

. 表示当前文件所在的文件夹。

.. 表示当前文件所在文件夹的上一级文件夹。

绝对路径是相对于 Web 站点根目录（文件夹）的路径，以 / 或 \ 开头。

两种路径的区别为：

（1）绝对路径须以 / 或 \ 符号开始，相对路径则不能。

（2）绝对路径不能采用 "." 或 ".." 符号。

（3）绝对路径主要表达 Web 站点内的文件夹或文件的路径，相对路径则是表达与当前文件具有相对关系的任意文件夹或文件的路径。

5. 7. 3　转向或调用其他网页

（1）使用 Server. Transfer 转向网页。Server. Transfer 用于把处理的控制权从一个页面转移到另一个页面，在转移的过程中，没有离开服务器，内部控件（如 Request、Session 等）保存的信息不变，因此，从页面 A 跳到页面 B 时不会丢失页面 A 中收集的用户提交信息。此外，在转移的过程中，浏览器的 url 栏不变。

Response. Redirect 也能实现转向网页，但无法保存所有的内部控件数据，页面 A 跳转到页面 B 时，页面 B 将无法访问页面 A 中 Form 提交的数据。TransferA. asp 的代码如下：

```
<p >这是第一个页面! </p >
<%
Response. Write " 当前的会话编号为:" &Session. SessionID&" <Br >"
Response. Write " 下面是执行 Server. Transfer 方法后的结果"&" <Br >"
Server. Transfer(" TransferB. asp")
% >
```

TransferB. asp 的代码如下：

```
<p >这是第二个页面! </p >
<%
Response. Write "当前的会话编号为:"&Session. SessionID&" <Br >"
% >
```

运算效果如图 5 - 9 所示。

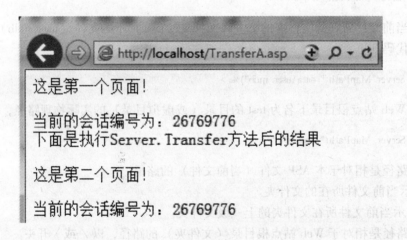

图 5 - 9　Server. Transfer 转向网页效果截图

（2）使用 Server. Execute 调用网页。Server. Execute 方法用来在当前的 ASP 页面执行一个同一 Web 服务器上指定的另一个页面。当指定的 ASP 页面执行完毕，控制流程重新返回原页面发出 Execute 调用的位置。

它与许多编程语言的过程调用相似，只不过过程调用是执行一个过程，而 Execute 方法是执行一个完整的网页文件。其语法结构如下：

$$Server. Execute(url)$$

ExecuteA. asp 的代码如下：

```
<p >这是第一个页面! </p >
<%
Response. Write " 当前的会话编号为:"&Session. SessionID&" <Br >"
```

```
Response. Write " 下面准备执行 Server. Execute 方法调用第二个页面"&" <Br >"
Server. Execute(" ExecuteB. asp ")
Response. Write " 执行完 Server. Execute 方法后返回到第一个页面"&" <Br >"
% >
```

ExecuteB. asp 的代码如下：

```
<p >这是第二个页面的内容！ </p >
<%
Response. Write " 当前的会话编号为:"&Session. SessionID&" <Br >"
% >
```

运行效果如图 5 - 10 所示。

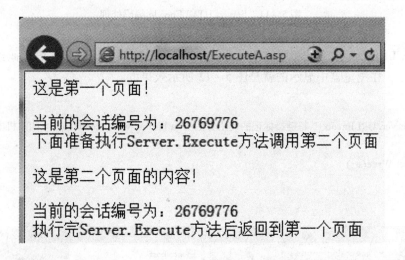

图 5 - 10　Server. Execute 调用网页效果截图

5.7.4　字符串编码处理

　　Server. HTMLEncode 方法与 Server. URLEncode 方法都是用于转换字符串输出形式的，只不过 HTMLEncode 方法将字符串转化成 HTML 语句，而 URLEncode 方法将字符串转化成 url 编码。

　　例如，要向客户端输出一行含 HTML 标记的文本，代码如下：

```
Response. Write(" 超链接标记的使用方法： < a href = 'www. scemi. com' > 四川机电职业技术学院 </a
> ")
```

　　实现效果如图 5 - 11 中第一行所示。字符串 "超链接标记的使用方法： < a href = 'www. scemi. com' >四川机电职业技术学院 </a > "显示成了一个超链接。
　　用 Server. HTMLEncode 方法就可解决上述这个问题，代码如下：

```
<%
```

str = Server. htmlencode(" 超链接标记的使用方法：< a href =' www. scemi. com' >四川机电职业技术学院 </a >")

Response. Write(str)

% >

实现效果如图 5 – 11 中第二行所示。

图 5 – 11　Server. HTMLEncode 编码处理

Server. URLEncode 方法将字符串转化成 url 编码。例如，下面的这段代码经过服务器发送出去后，在浏览器中显示的就是图 5 – 12 所示效果。

< %

str = Server. URLEncode(" 超链接标记的使用方法：< a href =' www. scemi. com' >四川机电职业技术学院 </a >")

Response. Write(str)

% >

图 5 – 12　Server. URLEncode 编码处理

5.8　ASP 页面传值

（1）QueryString。QueryString 是一种非常简单的传值方式，它可以将传送的值显示在浏览器的地址栏中。如果是传递一个或多个安全性要求不高或是结构简单的数值，可以使用这个方法。但是如果是传递数组或对象的话，就不能用这个方法了。

这种方法的优点是使用简单，对于安全性要求不高时传递数字或是文本值非常有效。

这种方法的缺点是缺乏安全性，由于它的值是暴露在浏览器的 url 地址中的，不能传递对象。

QueryString 的使用方法为：在源页面的代码中用需要传递的名称和值构造 url 地址；

在源页面的代码用 Response. Redirect（url），重定向到上面的 url 地址中；在目的页面的代码使用 Request. QueryString（"uname"）取出 url 地址中传递的值。

（2）Session。Session 是最常见的用法，作用于用户个人，所以，过量的存储会导致服务器内存资源的耗尽。

这种方法的优点是：使用简单，不仅能传递简单数据类型，还能传递对象；数据量大小是不限制的。

这种方法的缺点是：在 Session 变量存储大量的数据会消耗较多的服务器资源；容易丢失。

Session 的使用方法为：在源页面的代码中创建需要传递的名称和值，构造 Session 变量：Session（"uname"）= Value；在目的页面的代码使用 Session 变量取出传递的值，Result = Session（"uname"）。

（3）Cookie。Cookie 也是常用的方法，用于在用户浏览器上存储小块的信息，保存用户的相关信息，比如用户访问某网站时用户的 ID、用户的偏好等，用户下次访问可以通过检索获得以前的信息。所以 Cookie 也可以在页面间传递值。Cookie 通过 HTTP 头在浏览器和服务器之间来回传递。它只能包含字符串的值，如果想在 Cookie 存储整数值，那么需要先转换为字符串的形式。

与 Session 一样，Cookie 是针对每一个用户而言的，但是二者有本质的区别，即 Cookie 是存放在客户端的，而 Session 是存放在服务器端的；而且 Cookie 的使用要配合 ASP 内置对象 Response 和 Request 来使用。

这个方法的优点是：使用简单，是保持用户状态的一种非常常用的方法。比如在购物网站中用户跨多个页面表单时可以用它来保持用户状态。

这个方法的缺点是：常常被人认为用来收集用户隐私而遭到批评；安全性不高，容易伪造。

Cookie 的使用方法为：在源页面的代码中创建需要传递的名称和值，构造 Cookie 对象：Response. Cookies（"uname"）= "张三"；在目的页面的代码使用 Cookie 对象取出传递的值：uname = Request. Cookies（"uname"）。

（4）Application。Application 对象的作用范围是整个全局，也就是说对所有用户都有效。它在整个应用程序生命周期中都是有效的，类似于使用全局变量一样，所以可以在不同页面中对它进行存取。它和 Session 变量的区别在于，前者是所有的用户共用的全局变量，后者是各个用户独有的全局变量。

这个方法的优点是：使用简单，消耗较少的服务器资源；不仅能传递简单数据，还能传递对象；数据量大小是不限制的。

这个方法的缺点是：作为全局变量容易被误操作。所以单个用户使用的变量一般不能用 Application 对象。

Application 的使用方法为：在源页面的代码中创建需要传递的名称和值，构造 Application 变量：Application（"uname"）= Value；在目的页面的代码使用 Application 变量取出传递的值：Result = Application（"uname"）。

注意：常用 lock 和 unlock 方法用来锁定和解锁 Application 对象，以防止并发修改。

项目6　利用 ADO 访问数据库

6.1　数据库相关概念

数据库是创建动态网页的基础。对于网站来说一般都要准备一个用于存储、管理和获取客户信息的数据库。利用数据库制作的网站，在后台，网站管理者通过后台管理系统能很方便地管理网站。

6.1.1　数据库

数据库就是计算机中用于存储、处理大量数据的软件，是某个特定主题或目的的信息集合。数据库系统主要目的在于维护信息，并在必要时提供协助取得这些信息。

互联网的内容信息绝大多数都是存储在数据库中的，可以将数据库看作是一家制造工厂的产品仓库，专门用于存放产品，仓库具有严格而规范的管理制度，入库、出库、清点、维护等日常管理工作都十分有序，以科学、有效的手段保证产品的安全。数据库的出现和应用使得客户对网站内容的新建、修改、删除、搜索变得更为轻松、自由、简单和快捷。网站的内容既繁多，又复杂，而且数量和长度根本无法统计，必须采用数据库来管理。

成功的数据库系统应具备以下特点：

（1）功能强大。

（2）能准确地表示业务数据。

（3）容易使用和维护。

（4）对最终用户操作的响应时间合理。

（5）便于数据库结构的改进。

（6）便于数据的检索和修改。

（7）有效的安全机制能确保数据安全。

（8）冗余数据最少或不存在。

（9）便于数据的备份和恢复。

（10）数据库结构对最终用户透明。

6.1.2　数据库表

在关系数据库中，数据库表是一系列数组的集合，用来代表和储存数据对象之关系。它由纵向的列和横向的行组成。例如有关作者信息的名为 authors 的表中，列包含的是所有作者的某个特定类型的信息（如"姓氏"），而每行则包含了某个特定的所有信息（如姓、名、住址等）。

对于特定的数据库表，列的数目一般固定，各列之间可以由列名来识别。而行目可以随时、动态变化。

关系键是关系数据库的重要组成部分，是一个表中的一个或几个属性，用来使该表的每一行或与另一个表产生联系。

主键又称主码，是数据库表中对储据对象予以唯一和完整标识的数据列或属组合。一个数据列只能有一个主键，且主键取的取值不能缺失，即不能为空值（Null）。

6.1.3 常见的数据库管理系统

目前有许多数据库产品，如 Microsoft Access、Microsoft SQL Server 和 Oracle 等产品各有自己特有的功能。下面介绍几种常用的数据库管理系统。

（1）Oracle。Oracle 是一个最早商品化的关系型数据库管理系统，也是应用广泛、功能强大的数据库管理系统。Oracle 不仅是一个通用的数据库管理系统，具有完整的数据管理功能，而且还是一个分布式数据库系统，支持各种分布式功能，特别是支持 Internet 应用。作为一个应用开发环境，Oracle 提供了一套界面友好、功能齐全的数据库开发工具。Oracle 使用 PL/SQL 语言执行各种操作，具有可开放性、可移植性、可伸缩性等功能。特别是在 Oracle 中，支持面向对象的功能，如支持类、方法、属性等，使得 Oracle 产品成为一种对象/关系型数据库管理系统。

（2）Microsoft SQL Server。Microsoft SQL Server 是一种典型的关系型数据库管理系统，可以在许多操作系统上运行，它使用 TransactPSQL 语言完成数据操作。由于 Microsoft SQL Server 是开放式的系统，因此其他系统可以与它进行完好的交互操作。目前最新版本的产品为 Microsoft SQL Server，它具有可靠性、可伸缩性、可用性、可管理性等特点，为用户提供完整的数据库解决方案。

（3）Microsoft Access。作为 Microsoft Office 组件之一的 Microsoft Access 是在 Windows 环境下非常流行的桌面型数据库管理系统。使用 Microsoft Access 无需编写任何代码，只需通过直观的可视化操作就可以完成大部分数据管理任务。在 Microsoft Access 数据库中，包括许多组成数据库的基本要素，如存储信息的表、显示人机交互界面的窗体、有效检索数据的查询、信息输出载体的报表、提高应用效率的宏、功能强大的模块工具等。它们不仅可以通过 ODBC 与其他数据库相连，实现数据交换和共享，还可以与 word、Excel 等办公软件进行数据交换和共享，并且通过对象链接与嵌入技术在数据库中嵌入和链接声音、图像等多媒体数据。

6.2 结构化查询语句 SQL

SQL（Structured Query Language）即结构化查询语言。SQL 语言本身包括查询、操作、定义及控制 4 个方面的功能。涉及 Web 数据库结合使用 ASP 技术一般有查询和操作两个常用功能及这两个功能在 ASP 中与数据库连接的用法。

SQL 语言的特点是一体化、非过程化、语言简洁、交互使用。

SQL 语言的组成部分包括 Select（查询的数据项）、From（来自哪个表）、Where（查询条件）、Group by（分组汇总）和 Order by（排序）。

（1）查询语句 Select。Select 语句主要用于查询数据表中满足条件的数据记录。它可以是单表查询，也可以是多表查询；可显示表中全部字段，也可显示部分指定字段；可对表查询结果排序，也可对记录进行分组统计。Select 的语法格式如下：

> Select selection_ list（选择哪些列）
> From table_ list（从何处选择行）
> Where primary_ constraint（行必须满足什么条件）
> Group by grouping _ columns（怎样对结果分组）
> Having secondary_ constraint（行必须满足的第二条件）
> Order by sorting _ columns（怎样对结果排序）
> Limit count 结果限定

（2）插入语句 Insert Into。Insert Into 是向已有数据表中添加新的记录。如果数据库中某字段可以为空，则在插入新的记录时也可以不指定该字段的值；反之，必须为不能为空的字段赋值。

Insert Into 的语法格式为：

> Insert［Into］目标数据表（字段名 1［,字段名 2］…）
> Values（常量 1［,常量 2］…）

（3）更新语句 Update。Update 可把数据库中记录的某个字段或者某些字段的值修改为其他值，但记录依旧保持，数据表中的记录数不变。Update 的语法格式为：

> Update 目标数据表
> Set 字段名 = 字段值表达式［,字段名 = 字段值表达式］…
> ［Where 更新条件表达式］

（4）删除操作 Delete。Delete 的语法格式为：

> Delete From 目标数据表（或查询视图）
> ［Where 删除条件表达式］

（5）特殊 SQL 句法。

1）Distinct 关键字。使用 Distinct 关键字即可以把查询结果中相同的记录筛选掉。Distinct 关键字的语法格式为：

> Select Distinct 目标列
> From 目标数据表
> Where 条件表达式 …

2）使用通配符进行模糊查询。SQL 提供的通配符有以下两个：

① %（百分号）：代表模糊匹配的若干个字符。

② _ （下划线）：代表模糊匹配的一个字符。

使用通配符的语法格式为：

> Select 目标列
> From 目标数据表
> Where…比较符 Like …通配符…

（6）使用系统函数。SQL 提供了若干的系统函数，这些系统函数可以直接在 SQL 查询语句中使用，见表 6 – 1。使用系统函数的语法格式为：

> Select 引用系统函数
> From 目标数据表
> Where 条件表达式 …

表 6 – 1 SQL 系统函数

函 数 名	函 数 的 意 义
COUNT	计算某列值的个数
COUNT（*）	计算记录的个数
SUM	计算某列的总和，该列的数据类型应该为数值型
AVG	计算某列的平均值，该列的数据类型应该为数值型
MAX	求某列中的最大值
MIN	求某列中的最小值

6.3 活动数据对象 ADO

ODBC（Open Database Connectivity，开放式数据库连接）是 Microsoft 开发的数据库访问技术，它将所有数据库的底层操作全部隐藏在其驱动程序内核中。

OLE DB 将 ODBC 技术扩展到一个公布高层数据访问接口的组件体系结构，不但提供了对关系型数据库的访问，而且还提供了对各种数据源的访问，从而扩展了 ODBC 的功能，结果是 OLE DB 比 ODBC 使用起来更快、更容易。

ADO（ActiveX Data Object）是 Microsoft 为数据库应用程序开发的一种面向对象的、与语言无关的应用程序接口。通过 ADO 访问数据库，既可以通过 ODBC，也可以绕过 ODBC，直接使用 OLE DB 数据库驱动程序，如图 6 – 1 所示。

在 ASP 中，ADO 可以看做是一个数据库访问组件（Database Access），包括一般在 ASP 中使用的所有对象。各个对象之间的关系如图 6 – 2 所示，各个对象的作用见表6 – 2。

表 6 – 2 ADO 对象的作用

对 象 名	对 象 的 作 用
Connection	连接对象，用来建立数据源和 ADO 程序之间的连接
Recordset	记录集对象，用来浏览和操作已经连接的数据库内的数据
Command	数据命令对象，返回一个 Recordset 记录集或执行的一个操作
Field	域对象，用来取得一记录（Recordset）内的不同字段值
Parameter	参数对象，代表 SQL 存储过程或带参数查询中的一个参数，此参数被传递给 Command 对象
Property	属性对象，代表数据提供者的具体属性
Error	错误对象，代表 ADO 错误

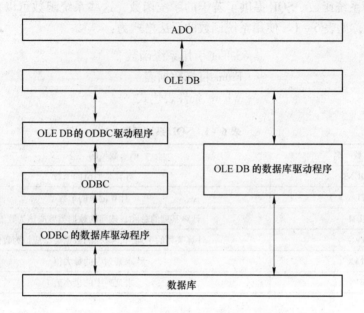

图 6 - 1　ADO 与 ODBC

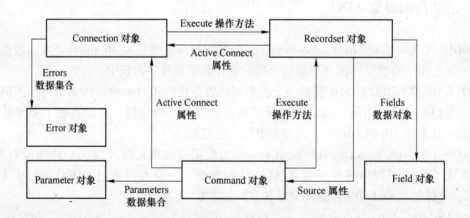

图 6 - 2　ADO 对象之间的关系

ADO 开发数据库的基本流程如下：

（1）引入 ADO 库定义文件，即创建数据库访问 Database Access 组件。

（2）利用 Database Access 组件中的 Connection 对象连接数据库。

（3）利用建立好的连接，通过组件中的其他对象执行 SQL 命令。

（4）使用完毕后关闭数据库连接，并释放对象。

6.4　利用 Connection 对象连接数据库

　　Connection 对象是唯一与外界沟通的对象，所有 Recordset、Command 对象与数据库之间的沟通都必须由 Connection 对象来完成。

Connection 对象的创建有两种方法。

方法一：通过显式创建 Connection 对象，并将它提供给所有的 Recordset 或 Command 对象，只需要一个数据库连接。

方法二：不通过显式创建 Connection 对象而直接通过创建 Recordset 或 Command 对象建立与数据源的连接。

6.4.1 Connection 对象的方法

（1）Open 方法。调用 Open 方法的语法格式如下：

Connection. Open Connectionstring, userID, Password, Options

1）Connectionstring：可选，是一个包含有关连接信息的字符串值。该字符串由一系列被分号隔开的 parameter = value 语句组成。有关有效设置的详细信息，参阅 Connection-String 属性。

2）userID：可选，是一个包含建立连接时要使用的用户名称的字符串值。

3）Password：可选，是一个包含建立连接时要使用的密码的字符串值。

4）Options：可选，是一个 ConnectOptionEnum 值，确定应在建立连接之后（同步）还是应在建立连接之前（异步）返回本方法。

（2）Close 方法。使用 Close 方法可关闭 Connection 对象或 Recordset 对象以便释放所有关联的系统资源。关闭对象并非将它从内存中删除，而是可以更改的属性设置并且在此后再次打开。要将对象从内存中完全删除，可将对象变量设置为 Nothing。

（3）Execute 方法。Execute 方法用来执行指定的查询、SQL 语句、存储过程或特定提供者的文本等内容。其语法格式为：

Cn1. Execute CommandText [,RecordsAffected][,Options]

1）Cn1：是一个变量名，为已建立的数据库的 Connection 对象实例。

2）CommandText：是一个字符串，包含表名、SQL 语句、存储过程或特定提供者的文本。

3）RecordsAffected：是一个变量，返回本次操作所影响到的记录数。

4）Options：用来指示数据提供者应怎样解析 CommandText 参数。Options 参数可以指定为表 6 - 3 中所列出的值。

表 6 - 3 Options 参数可选值

参 数 值	说 明
AdCMDTable	表明被执行的字符串是一个表的名字
AdCMDText	表明命令字符串是一个 SQL 串
AdCMDStoredProc	表明被执行的字符是一个存储过程名
adCMDUnknown	不指定字符串的内容（这里是默认值）

（4）BeginTrans、CommitTrans、RollbackTrans 方法。这 3 种方法都是对 ADO 进行事务管理的。在打开的事务中使用这些方法可确保只能选择进行全部更改或不做任何更改。

1）BeginTrans：开始新事务。

2）CommitTrans：保存任何更改并结束当前事务。

3）RollbackTrans：取消当前事务中所做的任何更改并结束事务。

（5）Cancel 方法。Cancel 方法取消异步操作中还未执行完成的 Execute 操作和 Open 操作。其语法格式为：

$$Cn1. Cancel （）$$

Cancel 方法对允许用户提交查询的应用程序非常有用。它提供一个取消按钮，以便当查询的等待时间过长时用户可取消该查询。

6.4.2　Connection 对象的属性

（1）CommandTimeout 属性。该属性用来指示在终止尝试和产生错误之前执行命令期间需等待的时间。设置值与返回值为长整型数值，以秒为单位，默认值为 30，即 30 秒的延迟时间。

（2）ConnectionString 属性。该属性包含用于建立连接数据源的信息。使用 ConnectionString 属性，通过传递包含一系列由分号分隔的 argument = value 语句的详细连接字符串可指定数据源，见表 6 - 4。

表 6 - 4　ConnectionString 属性

参　　数	说　　明
DSN	数据源名
PWD	访问数据源的口令
UID	访问数据源的用户账号
Provider	指定用来连接的提供者名称
File Name	指定包含预先设置连接信息的特定提供者的文件名称（例如，持久数据源对象）

（3）Mode 属性。该属性用来指示在 Connection 中修改数据的可用权限。它的设置或返回值为表 6 - 5 中某个 Mode 的值。

表 6 - 5　Mode 属性值

常　　量	返回值	常　量　说　明
AdModeUnknown	0	默认值，表明权限尚未设置或无法确定
AdModeRead	1	表明权限为只读
AdModeWrite	2	表明权限为只写
AdModeReadWrite	3	表明权限为读/写
AdModeShareDenyRead	4	防止其他用户使用读权限打开连接
AdModeShareDenyWrite	8	防止其他用户使用写权限打开连接
AdModeShareExclusive	12	防止其他用户打开连接
AdModeShareDenyNone	16	防止其他用户使用任何权限打开连接

Mode 属性只有在关闭 Connection 对象时方可设置。

（4）Provider 属性。该属性用来指示 Connection 对象提供者的名称，返回字符串形式。这个属性可以由 ConnectionString 属性或 Open 方法的 ConnectionString 参数的内容设置。如果没有指定提供者，该属性将默认为 MSDASQL（Microsoft OLE DB Prvider for ODBC）。

（5）Version 属性。该属性是一个只读属性，使用该属性返回 ADO 执行的版本号，返回字符串值。

6.4.3 Connection 对象实例

在学生表中加入一个学生，其基本信息为：学号 20140216，姓名田丽，性别女。代码如下：

```
<%
dimconn
dimsqlstr
//创建 Connection 对象
setconn = Server. CreateObject(" ADODB. CONNECTION")
//打开数据库连接
conn. open " dsn = student;uid = sa;pwd = ;"
//构建 SQL 语句字符串
sqlstr =" insert into 学生表(学号,姓名,性别) values(' 20140216',' 田丽',' 女')"
//执行 SQL 语句
conn. executsqlstr
//关闭数据库连接
conn. close
//释放对象资源
setconn = nothing
% >
```

6.5　使用 Recordset 对象提取记录集

Recordset 对象表示的是来自基本表或命令执行结果的记录全集，表示从 SQL 查询返回的数据行。

在使用 Recordset 对象之前，必须先创建它。其创建方法有两种：方法一是使用 Server. CreateObject 方法显式地创建 Recordset 对象实例；方法二是使用 Connection. Execute 方法隐式地创建 Recordset 对象实例。

6.5.1 Recordset 对象的方法

（1）Open 方法。该方法是打开一个数据库元素，此元素可提供对表的记录、查询的结果或保存的 Recordset 的访问。

（2）用来在记录集中移动或刷新数据的方法。

1）MoveFirst 方法：把 RecordSet 中的记录指针移到第一条记录。

2）MoveLast 方法：把 RecordSet 中的记录指针移到最后一条记录。

3）MoveNext 方法：把 RecordSet 中的记录指针向后移动一个，但不能无限制地移动，当光标移动到 RecordSet 最后时，调用此方法会产生错误。因此一般配合判断 Record-Set. Eof 使用。

4）MovePrevious 方法：同 MoveNext 方法差不多，只是把指针向前移动一个，在移动时也要注意不要超出 RecordSet 的限制。

5）Move 方法：能够在记录集中向前或向后移动给定的记录个数。其语法格式如下：

RecordSet. move n, [start]

（3）Requery 方法。该方法通过重新发出原始命令并再次检索数据，可使用 Requery 方法刷新来自数据源的 Recordset 对象的全部内容。调用该方法等于相继调用 Close 和 Open 方法，但如果正在编辑当前记录或者添加新记录将产生错误。

（4）AddNew 方法。该方法用于在记录集中创建一个新记录，向数据库中增加新记录。调用该方法时，即在 RecordSet 中开始一个新行，并将指针移到行首以准备加入新数据。这种方法的效率很低，一般应使用 SQL 语句插入和修改。

（5）Update 方法。该方法将 RecordSet 对象中当前记录的任何修改保存在数据源中，使用条件是 RecordSet 能够允许更新且不是工作在批量更新模式下。在调用 Update 方法后当前记录仍为当前记录。

（6）Delete 方法。该方法可将 Recordset 对象中的当前记录或一组记录标记为删除。使用立即更新模式将在数据库中进行立即删除；否则记录将标记为从缓存中删除，实际的删除将在调用 UpdateBatch 方法时进行。

（7）CancelUpdate 方法。该方法取消在调用 Update 方法前所做的一切修改。

（8）UpdateBatch 方法。该方法如果工作在批量更新模式下，将取消对 RecordSet 的更新。

（9）NextRecordset 方法。该方法清除当前 Recordset 对象并通过提前执行命令序列返回下一个记录集。其语法格式如下：

Set rs2 = rs1. NextRecordset （RecordsAffected）

6.5.2　Recordset 对象的属性

（1）CursorType。CursorType 用来设置或返回 Recordset 对象所使用的光标类型。其语法格式如下：

Rs. CursorType = CursorTypeEnum

CursofTypeEnum = rs. CursorType

（2）LockType。LockType 指示编辑过程中对记录使用的锁定类型。其语法格式如下：

LockTypeEnum = rs. LockType

rs. LockType = LockTypeEnum

其中，第一行表示返回，第二行表示设置。

（3）Filter。它为 RecordSet 中的数据指定筛选条件。当然大多数时候通过 SQL 代码可以很容易地对 RecordSet 中返回的记录进行过滤。

（4）CacheSize。当打开一个 Recordset 时，使用 CacheSize 属性可控制提供者在缓存中所保存的记录的数目，并可控制一次恢复到本地内存的记录数。

（5）MaxRecords。MaxRecords 用来设置或返回在查询操作中返回的 Recordset 对象中可以包含的记录的最大数目。其默认值为 0，没有限制，即所有记录都要返回。

（6）BOF 和 EOF。BOF 和 EOF 用来判断是否到达了 Recordset 的首记录和尾记录，BOF 指示当前记录位置位于 Recordset 对象的第一个记录之前。EOF 指示当前记录位置位于 Recordset 对象的最后一个记录之后。

（7）RecordCount。RecordCount 用来返回 RecordSet 中的记录数。对仅向前游标，RecordCount 属性将返回 -1，对静态或键集游标返回实际计数，对动态游标取决于数据源返回 -1 或实际计数。

（8）BookMark。它返回一个 BookMark 书签，可以唯一地识别当前记录或者设置当前记录至 BookMark 指定的位置。

（9）AbsolutePosition。AbsolutePosition 用于设置或返回当前记录在 Recordset 对象中的序号位置。它从 1 开始，并在当前记录为 Recordset 中的第 1 个记录时等于 1。

（10）PageSize。PageSize 对记录集进行分页，它指示一页所需要包含的记录数。其默认值是 10。

（11）AbsolutePage。AbsolutePage 可识别当前记录所在的页码。

（12）PageCount。PageCount 可确定 Recordset 对象中数据的页数。

（13）EditMode。EditMode 返回一个表明当前记录编辑状态的值。其语法格式如下：

$$EditModeEnum = rs. EditMode$$

（14）Status。Status 用来表示当前的记录集处于打开还是关闭状态。使用该属性可查看在实施一次批处理更新中被修改的记录有哪些更改被挂起，也可使用 Status 属性查看大量操作时失败记录的状态，从而做出相应的处理。

应用 Recordset 对象的方法及属性可以完成的对数据库表更改、删除记录的操作。

6.5.3 Recordset 对象实例

下面是运用 Recordset 显示学生表中学生信息的范例。

```
<%
dimconn
dimrs
dimsqlstr
//创建 Connection 对象
setconn = Server. CreateObject(" ADODB. CONNECTION")
//打开数据库连接
conn. open " dsn = student;uid = sa;pwd = ;"
//构建 SQL 查询字符串
```

```
sqlstr = " select 学号,姓名,性别 from 学生表"
//执行 SQL 查询,并将结果存储在新的 Recordset 对象中
setrs = conn. execut(sqlstr)
response. write "<table>"
response. write "<tr> <td>学号</td> <td>姓名</td> <td>性别</td> </tr>"
do while not rs. eof
    response. write "<tr>"
    response. write "<td>" &rs(" 学号") & "</td>"
    response. write "<td>" &rs(" 姓名") & "</td>"
    response. write "<td>" &rs(" 性别") & "</td>"
    response. write "</tr>"
loop
response. write "</table>
//关闭 Recordset
rs. close
//关闭数据库连接
conn. close
//释放对象资源
setrs = nothing
setconn = nothing
% >
```

6.6　Fields 集合和 Field 对象

在创建一个 RecordSet 实例后,里面总是包含着一些列。其中每一列就对应着一个字段,因此 Fields 集合就对应着创建的 RecordSet 中的每一个字段。利用这个集合的一些属性可以方便实际地编程。

6.6.1　Fields 集合的属性

（1）Count 属性。它用来返回 fields 集合中项目的数目。

（2）Item 属性。它用来返回 fields 集合中的某个指定的项目。

（3）ActualSize 属性。它用来返回一个字段值的实际长度。

（4）Attributes 属性。它用来设置或返回 Field 对象的属性。

（5）DefinedSize 属性。它用来返回 Field 对象被定义的大小。

（6）Name 属性。它用来设置或返回 Field 对象的名称。

（7）NumericScale 属性。它用来设置或返回 Field 对象中的值所允许的小数位数。

（8）OriginalValue 属性。它用来返回某个字段的原始值。

（9）Precision 属性。它用来设置或返回当表示 Field 对象中的数值时所允许的数字的最大数。

（10）Status 属性。它用来返回 Field 对象的状态。

（11）Type 属性。它用来设置或返回 Field 对象的类型。

（12）UnderlyingValue 属性。它用来返回一个字段的当前值。

（13）Value 属性。它用来设置或返回 Field 对象的值。

6.6.2 Field 对象的方法

（1）AppendChunk 方法。它用来把大型的二进制或文本数据追加到 Field 对象。

（2）GetChunk 方法。它用来返回大型二进制或文本 Field 对象的全部或部分内容。

6.6.3 Field 应用实例

下面是运用 Field 显示学生表中学生信息的范例。

```
<% dim rs
dim sqlstr
dim i
//创建 Recordset 对象
set rs = server. CreateObject(" adodb. recordset")
//构建 SQL 查询语句
sqlstr = " select 学号,姓名,性别 from 学生表"
//打开数据库连接,并执行 SQL 语句
rs. open sqlstr, " dsn = student;uid = sa;pwd = ;"
response. write " <table > <tr >"
//显示 SQL 查询结果中各个字段名称
for i = 0 to rs. fields. count - 1
//显示字段名称
response. write " <td >" &rs. fields(i). name & " </td >"
next
response. write" </tr >"
//显示 SQL 查询结果
do while not rs. eof
    response. write " <tr >"
    for i = 0 to rs. fields. count - 1
    //显示字段的值
    response. write " <td >" &rs. fields(i). value & " </td >"
    next
    response. write " </tr >"
    rs. movenext
loop
response. write " </table >"% >
//关闭 Recordset
rs. close
//释放对象资源
set rs = nothing
% >
```

6.7　增强处理能力 Command 对象

Command 对象表示一个可被数据源处理的命令，并提供一种简单有效的方法来处理查询或存储过程。虽然在 Connection 对象与 RecordSet 对象中也可以执行一些操作命令，但是它们在处理的功能上都受到一定的限制，并且在使用它们时实际上已经创建了一个隐含的 Command 对象。Command 对象的创建就是专门用来处理操作命令的各个方面，特别是那些需要参数的命令。与 Connection 对象相似，Command 对象可以运行返回记录集和不返回记录集两种类型的命令。实际上，如果命令不含有参数，那么它并不关心是使用 Connection 对象、Command 对象，还是 Recordset 对象。

6.7.1　Command 对象的方法

（1）创建 Command 对象并连接数据库。

1）方法一：创建一个名为 cm 的 Command 对象并建立数据库连接（数据源为 q1），其代码如下：

```
<%
set cm = Server. CreateObject(" ADODB. Command")
cm. ActiveConnection = " DSN = q1;"
% >
```

如果需要将多个 Command 对象与同一个连接关联，则须采用方法二。

2）方法二：创建一个名为 cn 的 Connection 对象和一个名为 cm 的 Command 对象，并建立数据库连接，同时建立两个对象间的关联（数据源为 q1），其代码如下：

```
<%
set cn = Server. CreateObject(" ADODB. Connection")
cn. Open " DSN = q1;"
set cm = Server. CreateObject(" ADODB. Command")
cm. ActiveConnection = cn
% >
```

（2）Execute 方法。Execute 方法可执行 Command 对象的 CommandText 属性中指定的查询、SQL 语句或存储过程。

（3）Cancel 方法。Cancel 方法可取消方法调用的执行。

6.7.2　Command 对象的属性

（1）ActiveConnection 属性。它用来指定当前 Command 对象所属的 Connection 对象，即指定 Command 对象属于哪个数据库连接。

（2）CommandText 属性。它可设置或返回 Command 对象的文本，默认值为 " "（零长度字符串）。该属性包含根据提供者发送的命令的文本（如：一个 SQL 语句、存储过程或者是一个表名等）。一般使用 Command 对象进行数据操作时，SQL 语句都是赋值给 Command 对象的 CommandText 属性的。

（3）CommandTimeout 属性。它用来指示在终止尝试和产生错误之前执行命令期间需等待的时间。默认值为 30 秒。如果在 CommandTimeout 属性中设置的时间间隔内没有完成命令执行，将产生错误，然后 ADO 将取消该命令；如果将该属性设置为 0，ADO 将无限期等待直到命令执行完毕。

（4）CommandType 属性。它用来指示 Command 对象的类型，优化数据提供者的执行速度。其语法格式为：

cm. CommandType = CommandtypeEnum

（5）Prepared 属性。它用来指示执行前是否保存命令的编译版本。如果将 Prepared 属性设为 True 时，将会把第一次使用 CommandText 属性查询的结果编译并保存下来（这样在后继的命令执行中提供者可使用已编译好的命令版本，可提高执行性能）；如果设为 False，提供者将直接执行 Command 对象而不创建编译版本。

（6）State 属性。它用来指示当前 Command 对象的状态。在程序中可随时使用 State 属性确定指定对象的当前状态。

（7）Name 属性。它用来指示对象的名称。

6. 8　Parameters 集合和 Parameter 对象

在对数据库操作时，有时候要调用存储过程，这个时候，传递输入、输出参数和存储过程返回值就显得尤为重要。此时需要用到 Command 的 createParameter 方法来创建 Parameter 对象，并加入到 Command 对象的 Parameters 集合中。

6. 8. 1　Parameters 集合的方法

（1）Append 方法。它是将一个新的 Parameter 对象加入到 Parameters 集合中。其语法格式为：

pmts. Append （Parameter）

其中，参数 Parameter 表示被加入到 Parameters 集合的 Parameter 对象。

（2）Delete 方法。它是从 Parameters 集合中删除对象。其语法格式为：

pmts. Delete （Index）

其中，参数 Index 代表将要删除对象的名称，或者对象在集合中的顺序位置（索引）。

（3）Item 方法。它可以根据集合中的 Parameter 对象的索引或名称来获取指定的 Parameter 对象。其语法格式为：

Set pmt1 = pmts. Item （Index）

或　　　　　　　　　　　　　　　　Set pmt1 = pmts （Index）

其中，参数 Index 代表计算集合中对象的名称或顺序号。这两种语法格式是等价的。

6.8.2　Parameters 集合的属性

（1）Count 属性。它可以返回指定 Parameters 集合中的 Parameter 对象的数量。

（2）Item 属性。它根据名称或序号返回集合的特定成员。它有一个索引，可以是所有参数在 Parameters 集合中的参数值，也可以是参数的名字。

6.8.3　Parameter 对象的方法

（1）AppendChunk 方法。它是把长二进制或字符数据追加到一个 Parameter 对象。

（2）Delete 方法。它是从 Parameters 集合中删除一个对象。

6.8.4　Parameter 对象的属性

（1）Attributes 属性。Attributes 属性为读/写。

（2）Direction 属性。它用来指示 Parameter 所标明的是输入参数、输出参数还是既是输出又是输入参数，或该参数是否为存储过程返回的值。

（3）Name 属性。它用来指示对象的名称。

（4）Precision 属性。它用来指示在 Parameter 对象中数字值或数字对象的精度。

（5）Size 属性。它表示 Parameter 对象的最大大小（按字节或字符）。

（6）Type 属性。它用来指示 Parameter 对象的数据类型。

（7）Value 属性。它用来指示赋给 Parameter 对象的值。

6.8.5　ASP 调用存储过程实例

数据库存储过程定义如下：

```
CREATE PROCEDURE getUserName
@UserName varchar(40) output ,@UserID int
as
begin
if @UserID is null
return select @UserName = usernamefrom userinfo where userid = @UserID
if @@rowcount >0 return 1 else return 0
return
end

' ** 调用带有输入输出参数的存储过程**
DIM Comm,UserID,UserName,Return
UserID = 1
Set Comm = Server. CreateObject(" ADODB. Command")    ' 创建 Command 对象
Comm. ActiveConnection = MyConStr          ' MyConStr 是数据库连接字串
Comm. CommandText = " getUserName"         ' 指定存储过程名
Comm. CommandType = 4                      ' 表明这是一个存储过程
```

```
Comm. Prepared = true                        ' 要求将 SQL 命令先行编译
' ** 声明参数 **
' 声明存储过程返回参数
Set Pmt1 = Server. CreateObject(" ADODB. Parameter")
Pmt1. Name = "@return"
Pmt1. Type = adSmallInt                       ' 返回值类型为短整型
Pmt1. Direction = adParamReturnValue          ' 声明返回存储过程返回值
Comm. Parameters. Append Pmt1
' 声明存储过程输入参数
Set Pmt2 = Server. CreateObject(" ADODB. Parameter")
Pmt2. Name = "@UserID"                         ' 存储过程输入参数名称
Pmt2. Type = adInteger                         ' 存储过程输入参数类型为整型
Pmt2. Direction = adParamInput                 ' 声明为存储过程输入参数
Pmt2. Value = UserID                           ' 存储过程输入参数赋值
Comm. Parameters. Append Pmt2
' 声明存储过程输出参数
Set Pmt3 = Server. CreateObject(" ADODB. Parameter")
Pmt3. Name = "@UserName"                       ' 存储过程输出参数名称
Pmt3. Type = adVarChar                         ' 存储过程输出值类型为字符串
Pmt3. Size = 200                               ' 字符串长度
Pmt3. Direction = adParamOutput                ' 声明为存储过程输出参数
Comm. Parameters. Append Pmt3
Comm. Execute                                  ' 调用过程
Return = Comm("@return")                        ' 取得存储过程返回值
UserName = Comm("@UserName")                    ' 取得存储过程输出值
Set Comm = Nothing
```

6.9 Errors 集合和 Error 对象

Error 对象包含操作数据库有关的错误详细信息，Error 对象被存储在 Errors 集合中。

6.9.1 Errors 对象的属性和方法

（1）count 属性。它用来指示 Errors 集合中错误对象的个数。

（2）Item 属性。它用来指示 Errors 集合中的每个具体的错误对象。

（3）clear 方法。它用来清除 Errors 集合中的所有成员。

6.9.2 Error 对象的属性

（1）Description 属性。它返回一个错误描述。

（2）HelpContext 属性。它返回 Microsoft Windows Help System 中某个主题的内容 ID。

（3）HelpFile 属性。它返回 Microsoft Windows Help System 中帮助文件的完整路径。

（4）NativeError 属性。它返回来自 Provider 或数据源的错误代码。

（5）Number 属性。它返回可标识错误的一个唯一的数字。

（6）Source 属性。它返回产生错误的对象或应用程序的名称。

（7）SQLState 属性。它返回 SQL 错误码。

6.10　分页技术

（1）判定用户。分页程序一般显示很多数据，所以首先判断用户是否合法，是合法用户才分页显示数据，否则转向登录页面。其代码如下：

```
<%
if not Session(" flag")=100 then
    Response. Write " <script>alert('未登录?! ');location. href='adminlogin. asp';</script>"
end if
%>
```

（2）提取记录集。创建 Recordset 对象实例，提供分页属性，分页需要光标和锁定类型。提取记录集，如果只读取数据，设置"1，1"就足够了。代码如下：

```
<%
    Set conn = Server. CreateObject(" ADODB. Connection")
    conn. Open " Provider =Microsoft. Jet. OLEDB. 4. 0;Data
Source ="&Server. MapPath(" data/mmpzh. mdb")
    Set Rs = Server. CreateObject(" ADODB. RecordSet")
    sql = " SELECT *　FROM mmpzhfile WHERE flb=11 ORDER BY ftime DESC,fid DESC"
    Rs. open sql,conn,1,1
%>
```

（3）分页属性。

1）PageSize 属性。它用来指定每页中的记录数。其语法格式为：

$$Recordset 对象实例名称 . PageSize = Value$$

该属性只影响分页的总记录数。

2）PageCount 属性。它用来获取分页总页数。其语法格式为：

$$[变量名称 =]Recordset 对象实例名称 . PageCount$$

3）AbsolutePage 属性。它用来设置当前页，又叫绝对页。其语法格式为：

$$Recordset 对象实例名称 . AbsolutePage = Value$$

4）RecordCount 属性。它用来获取记录集总数。其语法格式为：

$$[变量名称 =]Recordset 对象实例名称 . RecordCount$$

下面是运用分页属性的范例。

```
<%
```

```
    '每页显示记录条数
    RowCount = 10
    Rs. PageSize = RowCount
    '获取总记录数
    RecordCount = Rs. RecordCount
    '计算总页数
if (RecordCount mod RowCount) = 0 then
pageCount = (int)(RecordCount/RowCount)
else
pageCount = (int)(RecordCount/RowCount + 1)
end if
    '获取用户参数
page = Request("page")
    '判断输入(输入字符、输入为空)
if not isnumeric(request("page")) or isempty(request("page")) then
page = 1
else
page = Int(Abs(page))
end if
    '判断输入(超过总页数)
if (page > pageCount) then
page = pageCount
end if
    '设置显示页
    Rs. AbsolutePage = page
% >
```

（4）循环输出记录，以表格的形式显示。代码如下：

```
<%
    '输出记录
    Do While Not Rs. EOF and RowCount >0
    % >
<tr >
<td width = " 52" align = " center" > <% = Rs(" fid")% > </td >
<td width = " 475" > <a href = ". . /showfile. asp? fid = <% = rs(0)% >"
target = "_blank" > <% = Rs(" fbt")% > </a > </td >
<td width = " 125" > <% = Rs(" ftime")% > </td >
<td width = " 50" align = " center" > <a href = " feditid. asp? fid = <% = rs(0)% >" > <img src = ". . /im-
ages/htedit. jpg" width = " 40" height = " 25" border = " 0" > </a > </td >
<td width = " 50" align = " center" > <a href = " fdeleid. asp? fid = <% = rs(0)% >" > <img src = ". . /im-
ages/htdele. jpg" width = " 40" height = " 25" border = " 0" > </a > </td >
</tr >
<%
```

```
    RowCount = RowCount - 1
    Rs. MoveNext
Loop
% >
```

（5）翻页处理。分页程序首先读取每页预置的记录条数，在此是 10 条，其他将在下页中显示，同时提示当前页数、总页数、总记录数；当显示的页数为第一页时，"首页"、"前页"链接失效；当显示的页数为最后页时，"后页"、"尾页"链接失效。

1）首页：使用当前页是否为第一页时判别，如果当前为第一页（也就是首页），那么显示首页两字，没有链接，否则提供直接跳转到首页的链接（即本页面）。

2）前页：当前为第一页时，那么显示前页两字，没有链接，反之，链接到当前页的上一页。使用 < % = page − 1% > ，就是用当前的页数减去 1，得到上一页。

3）后页：需要使用 rs. pagecount 这个属性来比较，假如总页数小于当前页数加 1 的值，那表明这就是最后一页，链接失效，否则链接到下一页。使用 < % = page + 1% > ，就是用当前的页数加上 1，得到下一页。

4）尾页：和下一页的功能一样，判定出是最后页时链接失效，否则将当前页指定为 rs. pagecount （总页数）。

下面是翻页处理的具体代码。

```
< form method = " post" action = " list. asp"
style = " MARGIN:0px;PADDING - BOTTOM:0px;PADDING - LEFT:0px;PADDING - RIGHT:0px;PADDING
- TOP:0px" >
    < table width = " 702" border = " 0" align = " center" cellpadding = " 0" cellspacing = "0" >
    < tr >
    < td width = " 298" align = " center" > 目前共有文章 < font
color = "#FF0000" > < % = RecordCount% > < /font > 篇 < /td >
    < td width = " 404" align = " center" >
            第 < font color = " #FF0000" > < % = page% > < /font > / < font
color = "#ff0000" > < % = pageCount% > < /font > 页  
            < % if page = 1 then% > 首页 < % else% > < a href = " list. asp" > 首页 < /a > < % end if%
>  
    < % if page = 1 then% > 前页 < % else% > < a href = " list. asp? page = < % = page - 1% > " > 前页 < /a
> < % end if% >  
    < % if page = pageCount then% > 后页 < % else% > < a
href = " list. asp? page = < % = page +1% > " > 后页 < /a > < % end if% >  
    < % if page = pageCount then% > 尾页 < % else% > < a
href = " list. asp? page = < % = pageCount% > " > 尾页 < /a > < % end if% >  
    到 < input name = " page" type = "text" value = " < % = page% > " size = "1"
maxlength = " 4" > 页
    < /td >
    < /tr >
    < /table >
    < /form >
```

项目 7 ASP 高级程序设计

7.1 项目描述

在 ASP 脚本中，还可以使用 ActiveX 组件提供的对象。从本质上说，ActiveX 组件就是一段可执行代码。这些可执行代码可以包含在动态链接库文件（.dll）或者可执行文件（.exe）中。组件提供的对象能够在脚本中实现一个或多个特定的功能。

ASP 自带有 10 多个基本组件，见表 7-1。可从第三方开发商购买一些已制作完成的组件；也可用任何支持组件对象模型的编程语言（如 Visual C、Java、Visual Basic 或大量脚本语言）来开发自己的组件。

表 7-1 ASP 内置组件

组 件 名 称	中 文 名 称	主 要 功 能
FileAccess	文件存取组件	创建、访问、显示文件和文件夹等
AdRotator	广告轮显组件	随机显示广告图像（图标）
ContentRotator	内容轮显组件	随机显示 Web 页面
ContentLinking	内容链接组件	建立文件索引，实现网页导航
PageCounter	页面计数器组件	记录并显示 Web 页被打开的次数
Counters	计数器组件	统计页面访问次数、广告点击次数
BrowserCapabilities	浏览器信息组件	获取客户浏览器信息
Dictionary	数据目录组件	保存数据
DatabaseAccess	数据库访问组件	对数据库的访问
Permissionchecker	验证检查组件	确认用户访问权限

本项目主要介绍广告轮显组件 AdRotator 和文件存取组件 FileAccess。

利用 AdRotator 可实现广告交替变化，当浏览器访问或刷新网页时，随机显示不同的广告条目，其出现的几率由广告信息配置中的相关权重决定。

利用 File Access 组件的 FileSystemObject 对象可以在服务器端创建、移动、更改或者删除文件（文件夹），取得服务器端的驱动器相关信息，实现文本文件内容的创建、读取和写入等。

在 ASP 中不仅可以使用内置对象，而且还可以建立自己的对象，并为该对象定义方法和属性。要建立对象，需要使用类。在 ASP 中，可以使用 Set 命令和 New 关键字来创建类的实例，语法格式为：

Set 类实例名称 = New 类名

XML（eXtensible Markup Language，可扩展标记语言）是由 W3C 定义的一种标记语言。XML 是各种应用程序之间进行数据传输的最常用的工具。ASP 应用 DOM 技术可以读取或存储 XML 数据，而且在 XML 文档中数据与显示格式是分离的，从而可以方便地规定 XML 文档中数据的输出格式。

AJAX（Asynchronous JavaScript and XML）是一种由多种技术组合而成的技术，包括 Javascript、XHTML 和 CSS、DOM、XML 和 XSTL、XMLHttpRequest 等。AJAX 通过在后台与服务器进行少量数据交换，使网页实现异步更新，这一技术可以将笨拙的 Web 界面转化成交互性的 Ajax 应用程序。

7.2　利用组件扩展 ASP 功能

ASP 是基于 ActiveX 技术的。ActiveX 以 OLE 和 COM 为基础并加入了自己的新技术，使在 Internet 上扩展使用可重用组件变得容易。ASP 本身的功能是有限的，好在它可以通过 ActiveX 组件扩充其功能。

组件是可以重复使用的。在 Web 服务器上安装了组件后，就可以从 ASP 脚本、ISAPI 应用程序、服务器上的其他组件或由另一种 COM 兼容语言编写的程序中调用该组件。需要说明的是，借助组件编程虽然增强了程序的功能，但是也带来了无法预料的安全性和可靠性问题。对于来历不明的组件，请慎用。

7.2.1　利用 AdRotate 实现广告轮显

现在很多网站都采用播放广告这种形式为企业、个人、商品等做宣传。例如，在不同的段位播放不同形式的广告、在同一段位按照给定的频率播放不同的广告等。

在 ASP 中，使用 AdRotate 广告轮显组件可以实现广告图片的动态显示（即每次页面被重新载入时在页面的指定位置会轮流显示一系列的广告图片），并可以为轮显的广告图片设置不同的出现频率。

（1）创建广告轮显组件的实例对象。使用 AdRotate 组件首先要创建一个 AdRotate 组件的实例——AdRotate 对象，其语法格式为：

Set 实例对象名 = Server. CreateObject(" MSWC. AdRotate")

广告轮显组件的属性和方法分别见表 7 – 2、表 7 – 3。

表 7 – 2　广告轮显组件的属性

属　性	使 用 格 式	说　　明	备　注
Border	BorderSize = size	指定显示广告图片的边框宽度	size 为像素值
Clickable	Clickable = value	指定广告图片是否提供超链接功能	value［True｜False］
Targetframe	Targetframe = frame	指定图标链接的目标框架	frame 为框架名

表 7-3 广告轮显组件的方法

方　　法	使　用　格　式
GetAdvertisement	GetAdvertisement（广告信息文本文件路径字符串）

（2）使用广告轮显组件。要使用广告轮显组件，需要以下 3 个文件：广告信息文本文件（记录所有广告信息的文本文件）、超链接处理文件（引导客户到相应广告网页的 ASP 文件）和显示广告图片文件（放置广告图片的文件，如个人主页等）。

1）建立广告信息文本文件。广告信息文本文件包含广告图片的显示信息、图片超链接信息以及显示频率等。此文件包含两个部分，以 * 符号分隔：第一部分是所有广告图片的通用信息；第二部分是针对每个广告图片的具体信息。

例如，新建文本文件 ad52. txt，输入如下代码，按照指定的格式定义广告信息。

```
redirect 52. asp          '指定重定向的文件
width 440                 '广告图片的宽度
height 260                '广告图片的高度
border 0                  '设定广告图片的边框大小
*                        '以* 作为两部分的分隔点
images/img1. jpg          '广告图片的位置和名称
.. /chap5/ch1. htm       '广告图片的超链接地址
第 5 章案例 1              '广告图片的说明文字
4                        '显示频率(40%)
images/img2. jpg          '广告图片的位置和名称
.. /chap5/ch2. htm       '广告图片的超链接地址
第 5 章案例 2              '广告图片的说明文字
3                        '显示频率(30%)
images/img3. jpg          '广告图片的位置和名称
.. /chap5/ch3. htm       '广告图片的超链接地址
第 5 章案例 3              '广告图片的说明文字
3                        '显示频率(30%)
```

2）建立超链接处理文件。广告图片本身并不能完全表达所要宣传事物的全部内容。可以为广告设置超链接，当单击广告图片时可以跳转到超链接页面，查看其详细的内容。

广告链接重定向文件通常是一个 ASP 文件，例如根据 ad52. txt 的定义，新建 52. asp，用于获取图片广告的超链接地址，代码如下：

```
<% Response. Redirect(Request. Querystring(" url"))% >
```

3）建立超链接处理文件。创建广告信息文本文件和超链接处理文件后，就需要建立显示广告图片文件。此处新建文件 adrotator52. asp，调用 GeAdvertisement 方法读取文本文件 ad52. txt 的广告信息，使广告内容显示在网页中，代码如下：

```
<%
Set adr = Server. CreateObject(" MSWC. AdRotator")
```

```
adr. Border  = 0               '指定图形文件的边框大小
adr. Clickable  = True         '指示显示的图片是否是一个超链接
adr. TargetFrame  = "_blank"   '设置超链接目标窗口(新窗口)
'获取将要显示的图片及超链接设置 - 在文件 ad52. txt 中设置
Response. Write adr. GetAdvertisement("ad52. txt")
Set adr  = Nothing
% >
```

（3）在首页显示广告信息。在首页 index. asp 可以应用浮动框架嵌入显示广告图片的文件，代码如下：

```
< iframe name = " ad52" src = " adrotator52. asp" width = " 500" height = " 375" frameboder = " 0" margin-
height = " 0" scrolling = " no" > </iframe >
```

为了实现广告位置的局部刷新，在文件 adrotator52. asp 中使用 < meta > 标记实现页面自动刷新，代码如下：

```
< meta http-equiv = " refresh" content = " 3;url = adrotator52. asp" >
```

7.2.2　利用 FSO 制作留言本

ASP 利用组件 FileAccess 可以对服务器端的文件资源进行一定的处理。FileAccess 组件主要由 FileSystemObject 对象、TextStream 对象、File 对象、Folder 对象和 Drive 对象等组成。

（1）FileSystemObject 对象。FileSystemObject 对象为 FileAccess 组件最主要的对象，可以创建、打开或读写文件，并可以对文件（文件夹）进行新建、复制、移动、删除等操作，见表 7 - 4。

表 7 - 4　FileSystemObject 对象的方法

方　　法	功　能　说　明
CreateTextFile	新建一个文本文件
OpenTextFile	打开一个已有文本文件
GetFile	返回一个 File 对象
CopyFile	复制文件
MoveFile	移动文件
DeleteFile	删除文件
FileExists	判断文件是否存在
GetFolder	返回一个 Folder 对象
CreateFolder	创建一个文件夹
CopyFolder	复制一个文件夹
MoveFolder	移动一个文件夹
DeleteFolder	删除一个文件夹
FolderExists	判断一个文件夹是否存在

（2）TextStream 对象。TextStream 对象可以对一个已经创建的文本文件进行读写操作。TextStream 对象的属性和方法分别见表 7 - 5、表 7 - 6。

表 7 - 5　TextStream 对象的属性

属　　性	说　　明
AtEndOfLine	语法格式为：TextStream 对象 . AtEndOfLine
AtEndOfStream	语法格式为：TextStream 对象 . AtEndOfStream
Column	语法格式为：TextStream 对象 . Column；功能为：返回光标所在列
Line	语法格式为：TextStream 对象 . Line；功能为：返回光标所在行

表 7 - 6　TextStream 对象的方法

方　　法	语　法　格　式
Close	TextStream 对象 . Close（）
Read	TextStream 对象 . Read（CharactersNum）
ReadAll	string = tStream. All
ReadLine	string = tStream. ReadLine
Skip	tStream. Skip（CharactersNum）
SkipLine	tStream. SkipLine
Write	tStream. Write（string）
WriteLine	tStream. WriteLine（［string］）
WriteBlankLine	tStream. WriteBlankLines（NumOfLines）

（3）制作简单留言本。利用 FileSystemObject 对象对文本文件进行读写操作的方法，制作一个简单的留言本，实现写留言和看留言这两个功能。要求：留言最基本的内容包括留言人，留言内容，留言时间；利用 FSO 写文件，每三行是一条留言，第一行是留言人，第二行是留言内容，第三行是留言时间。

该例涉及四个文件：前台让用户填写留言的网页 index. asp；后台处理用户留言的网页 writely. asp，把用户所填写的留言写到文本文件里面去；查看留言的网页 readly. asp；存放留言的文本文件 message. txt。

1）填写留言的网页 index. asp。表单设计参考界面如图 7 - 1 所示。

表单 Action 属性指定处理留言的网页，代码为：action = " writely. asp"；表单组件的名字分别为 names、message。

2）后台处理留言的网页 writely. asp。具体代码如下：

```
<%
' 获取留言人的姓名,留言内容
names = Request. Form(" names")
message = Replace(Request. Form(" message"),chr(13) + chr(10)," <br >")
' 创建 fso 对象实例
Set fso = Server. CreateObject(" Scripting. FileSystemObject")
```

```
'打开文本文件,创建文本流对象。
Set txtStream = fso. OpenTextFile(Server. MapPath(" message. txt"),8)
'用 WriteLine 方法往文本文件里面写内容。
txtStream. WriteLine(names)          '写第一行,姓名
txtStream. WriteLine(message)        '写第二行,留言内容
txtStream. WriteLine(Now())          '写第三行,留言时间
txtStream. close
Set fso = nothing
Response. Redirect " readly. asp"     '用转到查看留言页面
% >
```

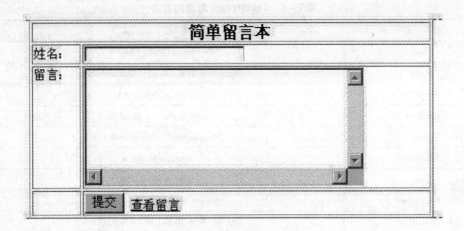

图 7 - 1　填写留言表单设计

3）查看留言页面 readly. asp。具体代码如下：

```
<%
'创建 fso 对象实例
Set fso = Server. CreateObject(" Scripting. FileSystemObject")
'打开文本文件来读
Set txtStream = fso. OpenTextFile(Server. MapPath(" message. txt"))
i = 1                '第几条留言的标记
Do While Not txtStream. AtEndOfLine     '判断留言是否已经全部读取
  '用 ReadLine 方法一次读取一行。
  Response. write " 第" &i&"条留言 < br > 留言人:" &txtStream. ReadLine
  Response. write " < br > 留言内容:" &txtStream. ReadLine&" < br >"
  Response. write " 留言时间:" &txtStream. ReadLine&" < br >"
  Response. write " < hr >"         '用水平线隔开每条留言
  i = i + 1
Loop
txtStream. close
```

```
Set fso = nothing
% >
< p > < a href = " index. asp" >继续留言 </a > </p >
```

7.2.3 利用 Java 开发 ASP 组件

任何支持 COM 的语言都能用来编写 ActiveX 组件，比如 Java、Delphi、Visual Basic 等语言。利用 Java 开发 ASP 组件大致经过 4 个步骤：

（1）编写 Java 源程序。利用任意 Java 开发工具编写 Java 源代码，请注意 Java 对大小写是敏感的，此时文件名必须为 JavaForASP. java（与类名一致）。代码如下：

```
public class JavaForASP{
public final int MAX = 100;      //成员变量
public StringsayHi(){      //成员方法
    return "Hi ASP! \tI'm Java!";
  }
}
```

（2）编译 Java 程序。利用 Microsoft SDK For Java 工具里提供的 jvc. exe（安装目录的 bin 目录下）编译上述文件，生成 JavaForASP. class。命令格式为：

$$jvc \; JavaForASP. \; java$$

注意此时不要使用 J2SDK 提供的 javac. exe 编译该文件。

（3）注册生成组件。在将 JavaForASP. class 注册成 ASP 组件之前，必须确保 JavaForASP. class 文件在系统盘 java 目录下的 trustlib 目录下，。这个目录是成功安装了 Windows 自带的 IIS 组件后自动生成的。

利用 Microsoft SDK For Java 工具里提供的 javareg. exe（安装目录的 bin 目录下）注册生成组件，命令格式：

$$javareg \; /register/class：JavaForASP \; /progid：ASPCOM. \; JavaForASP$$

（4）在 ASP 中使用组件，代码如下：

```
< %
Set Obj = Server. CreateObject("ASPCOM. JavaForASP")      '创建对象实例
Response. Write Obj. MAX&" < br >"      '访问对象属性
Response. Write Obj. sayHi()'      访问对象方法
Set Obj = Nothing      '释放对象
% >
```

7.3 在 ASP 中使用类

要定义一个类，需要使用 Class 关键字，语法格式如下：

Class 类名

…

End Class

在 Class 块中，成员通过相应的声明语句被声明为 private（私有成员，只能在类内部调用）或 public（公有成员，可以在类内、外部调用），默认为 public。在类的块内部被声明为 public 的过程（Sub 或 Function）将成为类的方法。

在 ASP 中，使用 Set 命令和 New 关键字来创建类的实例，语法格式为：

Set 类实例名称 = New 类名

使用 Set 命令注销类的实例，语法格式为：

Set 类实例名称 = Nothing

下面是在 ASP 中使用类的范例。

（1）定义类，代码如下：

```
<%
Class AClass
' 声明 AClass 类的公有成员变量
Public strAuthor
' Class_Initialize()是类的初始化事件,类被调用,首先会触发该事件。
' 对应的 Class_Terminate(),类的结束事件,退出该类,就会触发该事件。
  Private Sub Class_Initialize
    strAuthor = " SCEMI"
    Response. Write("AClass 开始了！ <br >")
End Sub
Private Sub Class_Terminate
    strAuthor = "SCEMI"
    Response. Write("AClass 结束了！ <br >")
  End Sub
' 定义一个函数
  Public Function square(a,b)
    Dim sum
    sum = a^2 + b^2
    square = sum
  End Function
' 定义一个方法
  Public Sub QueryStr(str1)
    Response. write str1
  End Sub
End Class
% >
```

（2）创建类的实例，完成 ASP 类的调用，代码如下：

```
<%
'//------ASP 类的调用------//
Set atmp = New Aclass
Response. Write atmp. strAuthor&" < br > "
Response. Write " 3 和 4 的平方为:" &atmp. square(3,4)&" < br > "
varstr = " < font color = red > welcome to scemi < /font > < br > "
atmp. QueryStr varstr
Set atmp = Nothing
% >
```

保存文件 t53. asp，运行结果如图 7 - 2 所示。

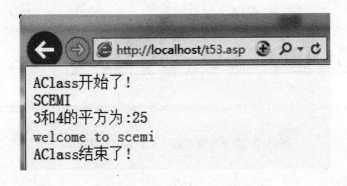

图 7 - 2   ASP 调用类执行结果

7.4   ASP 操作 XML 文档

7.4.1   XML 的显示方式

XML 被广泛用来作为跨平台之间交互数据的形式。随着 Internet 的迅速发展和广泛普及，XML 的出现体现出了它的适用性和重要性。

XML 被设计为传输和存储数据，其焦点是数据的内容。HTML 被设计用来显示数据，其焦点是数据的外观。XML 不是对 HTML 的替代，而是对 HTML 的补充。

显示 XML 文件常见的有三种方式：使用 CSS 样式表；使用 XSL 样式单；使用 XML 的数据岛技术。

（1）CSS 样式表。

1）建立 CSS 样式表 css541. css，在文件中定义元素的显示格式，代码如下：

```
css541 {
    font-size:48pt;
    font-weight:bold;
text-decoration:underline;
}
```

2）建立 XML 文档 t541. xml，在文件中定义元素 css541，引用 CSS 样式表文件，代码如下：

```
<? xml version = " 1. 0" encoding = " GBK" ? >
<? xml-stylesheet type = " text/css" href = " css541. css" ? >
<css541 >
    Welcome to SCEMI
</css541 >
```

浏览 t541. xml，运行效果如图 7 - 3 所示。

图 7 - 3　使用 CSS 样式表显示 XML 文档内容

（2）XSL 样式表。XSL（eXtensible Stylesheet Language，可扩展样式表语言）专门用于处理 XML 文档，并且遵循 XML 语法。XSL 不能代替或补充 CSS，不应（也不能）用于设置 HTML 的样式。

1）编写 XSL 样式表文件 t542. xsl，以表格形式显示 XML 文档内容，代码如下：

```
<? xml version = " 1. 0" encoding = " GB2312" ? >
<xsl:stylesheet xmlns:xsl = " http://www. w3. org/TR/WD-xsl" >
<xsl:template match = "/" >
<HTML >
<BODY >
<CENTER >
<TABLE BORDER = " 1" >
<TR >
<TD >姓名 </TD >
<TD >年龄 </TD >
<TD >电话 </TD >
</TR >
<xsl:for-each select = " persons/person" >
<TR >
<TD > <xsl:value-of select = " name"/> </TD >
<TD > <xsl:value-of select = " age"/> </TD >
<TD > <xsl:value-of select = " tel"/> </TD >
</TR >
```

```
</xsl:for-each >
</TABLE >
</CENTER >
</BODY >
</HTML >
</xsl:template >
</xsl:stylesheet >
```

2）建立 XML 文档 t542. xml，在文档中定义根元素 persons 以及子元素 person，并引用 XSL 样式表文件，代码如下：

```
<? xml version = " 1. 0" encoding = " gb2312" ? >
<? xml-stylesheet type = " text/xsl" href = " t542. xsl" ? >
< persons >
< person >
< name >张三 </name >
< age >25 </age >
< tel >5555555 </tel >
</person >
< person >
< name >李四 </name >
< age >28 </age >
< tel >8888888 </tel >
</person >
< person >
< name >王五 </name >
< age >41 </age >
< tel >4444444 </tel >
</person >
</persons >
```

浏览 t542. xml，运行效果如图 7 – 4 所示。

图 7 – 4　使用 XSL 样式表显示 XML 文档内容

（3）XML 数据岛技术。XML 数据岛就是被 HTML 页面引用或者包含的 XML 数据，是从 IE5 开始引入的一项技术。在 XML 文档中存放显示的数据，在 HTML 页面中调用该文档显示 XML 文档内容，可以有效地将显示格式和显示数据分离。

1）建一 XML 文档 t543. xml，在文档中定义根元素"教师队伍"以及子元素"教师"，代码如下：

```
< ? xml version = " 1. 0" encoding = " gb2312" ? >
<教师队伍 >
<教师 >
<学校 >四川机电 </学校 >
<姓名 >刘三金 </姓名 >
<课程 >Web 开发技术 </课程 >
< /教师 >
<教师 >
<学校 >四川机电 </学校 >
<姓名 >方荣敏 </姓名 >
<课程 >创业信息技术 </课程 >
< /教师 >
< /教师队伍 >
```

2）在 t543. html 文件中引入 XML 文档 t543. xml，并在表格 < table > 标记中使用 datasrc"#xmlid" 将 XML 文档与表格进行绑定，再使用 < SPAN datafld = "学校" > < /SPAN > 将 XML 文档中的数据绑定到表格中的每一行，代码如下：

```
< HTML >
< BODY >
< xml id = " xmlid" src = " t543. xml" > < /xml >
< TABLE datasrc = " #xmlid" BORDER = " 0"ALIGN = " CENTER" WIDTH = " 420" >
< THEAD >
< TD BGCOLOR = " #99FF99" >学校 < /TD >
< TD BGCOLOR = " #3399CC" >姓名 < /TD >
< TD BGCOLOR = " #CC99CC" >课程 < /TD >
< /THEAD >
< TR >
< TD BGCOLOR = " #99FF99" > < SPAN datafld = " 学校" > < /SPAN > < /TD >
< TD BGCOLOR = " #3399CC" > < SPAN datafld = " 姓名" > < /SPAN > < /TD >
< TD BGCOLOR = " #CC99CC" > < SPAN datafld = " 课程" > < /SPAN > < /TD >
< /TR >
< /TABLE >
< /BODY >
< /HTML >
```

浏览 t543. xml，运行效果如图 7 - 5 所示。

图 7-5 应用 XML 数据岛技术显示 XML 文档内容

7.4.2 ASP 读取 XML 数据

在 ASP 中，通过 DOM 技术可以访问 XML 文档中的数据，然后将其内容显示到 ASP 页面中。

在 ASP 中创建 DOMDocument 对象的语法格式为：

var objXML = Server. CreateObject("Microsoft. XMLDOM")

创建完这个对象后就可以通过 load 方法直接加载 XML 文档，也通过 loadXML 方法加载 XML 文档片断。

（1）建一有效的 XML 文档 mysites. xml 作为数据载体，代码如下：

```
<? xml version = "1. 0" encoding = "gb2312" ? >
<mysites >
    <site >
        <topic >新闻 </topic >
        <name >搜狐 </name >
        <url >http://www. sohucom </url >
    </site >
    <site >
        <topic >体育 </topic >
        <name >CCTV5 </name >
        <url >http://cctv5. cntv. cn/ </url >
    </site >
</mysites >
```

（2）新建 t543. asp，在 t543. asp 中，首先创建 Document 对象实例，并调用 Load 方法加载指定的 XML 文档 mysites. xml，再调用 getElementsByTagName 方法返回指定名称的元素集合，利用 childNodes 属性读取各节点内容，并应用 For…Next 循环输出全部内容，代码如下：

```
<% @ Language = Jscript % >
```

```
<HTML>
<BODY BGCOLOR="BEIGE">
<%
  var objXML = Server. CreateObject(" Microsoft. XMLDOM");
  objXML. load(Server. MapPath(" MYSITES. XML"));
  var objLst = objXML. getElementsByTagName(" site");
  intNoOfHeadlines = objLst. length;
%>
<TABLE BORDER="1" ALIGN="center">
<%
  for (i=0; i< intNoOfHeadlines; i++)
  {
    objHdl = objLst. item(i);
%>
<TR>
<TD><%=objHdl. childNodes(0). text%></TD>
<TD><%=objHdl. childNodes(1). text%></TD>
<TD><%=objHdl. childNodes(2). text%></TD>
</TR>
<%}%>
</TABLE>
</BODY>
</HTML>
```

浏览 t543. asp，运行效果如图 7 - 6 所示。

图 7 - 6 ASP 读取 XML 数据

7.5 在 ASP 中应用 Ajax

Ajax 开发步骤大致可以概括为四步。

（1）创建 XMLHttp 对象：XMLHttp 对象用于在后台与服务器交换数据。这意味着可以在不重新加载整个网页的情况下，对网页的某部分进行更新。

（2）设置请求方式：XMLHttpRequest 对象的 open（）方法就是来设置请求方式的。

（3）回调函数：所谓回调函数，就是请求在后台处理完，再返回到前台所实现的功能。其语法格式为：

$$XMLHttp. onreadystatechange = function\{\}$$

（4）发送请求：发送请求是调用 XMLHttp 对象的 send() 方法。

这里以"Ajax 从数据库中读取信息"实例来演示 Ajax 在 ASP 中的应用。

（1）创建 HTML 页面。当用户在下拉列表中选择某位客户时，会执行名为 listuser（）的函数。该函数由 onchange 事件触发。

如果没有选择客户（str. length 等于 0），那么该函数会清空 msgHint 占位符，然后退出该函数。

如果已选择一位客户，则 listuser（）函数会执行以下步骤：

1）创建 XMLHttpRequest 对象。

2）创建在服务器响应就绪时执行的函数。

3）向服务器上的文件发送请求。

4）请注意添加到 url 末端的参数（userq）（包含下拉列表的内容）。

具体代码如下：

```
<html>
<head>
<script type = " text/javascript" >
function showCustomer(str){
var xmlhttp;
if (str = = " ") {
  document. getElementById(" msgHint"). innerHTML = " ";
  return;
  }
xmlhttp = new XMLHttpRequest();
xmlhttp. onreadystatechange = function() {
  if (xmlhttp. readyState = = 4 && xmlhttp. status = = 200) {
    document. getElementById(" msgHint"). innerHTML = xmlhttp. responseText;
    }
  }
xmlhttp. open(" GET ","/ajax/getuser. asp? userq = " + str,true);
xmlhttp. send();
}
</script>
</head>
<body>
<form action = " " style = " margin - top:15px;" >
<label>请选择一位客户:
<select name = " customers" onchange = " showCustomer(this. value)" >
<option value = " APPLE">苹果</option>
```

```
< option value = " BAIDU " >百度</option >
< option value = " Google" >谷歌</option >
< option value = " leovo" >联想</option >
</select >
</label >
</form >
< br / >
< div id = " msgHint" >客户信息将在此处列出 … </div >
</body >
</html >
```

（2）创建 ASP 文件。HTML 文件的 JavaScript 调用的服务器页面是名为 getuser. asp 的 ASP 文件。所以接下来就得编写文件 getuser. asp，代码如下：

```
<%
response. expires = - 1
sql = " SELECT *  FROM users WHERE userid = "
sql = sql & " '" & request. querystring(" userq") & "' "
set conn = Server. CreateObject(" ADODB. Connection")
conn. Provider = " Microsoft. Jet. OLEDB. 4. 0"
conn. Open(Server. Mappath("/db/northwind. mdb"))
set rs = Server. CreateObject(" ADODB. recordset")
rs. Open sql,conn
response. write(" < table > ")
do until rs. EOF
  for each x in rs. Fields
    response. write(" < tr > < td > < b >" & x. name & " </b > </td >")
    response. write(" < td >" & x. value & " </td > </tr >")
  next
  rs. MoveNext
loop
response. write(" </table > ")
% >
```

运行一次 getuser. asp，就完成一次针对数据表 user 的查询，然后以 HTML 表格形式显示查询结果。

参 考 文 献

[1] ASP 教程. [2015 - 3]. http：//www. w3school. com. cn/asp/[OL].

[2] 吴素芹，赵征鹏，李林. ASP 动态网页制作教程 [M]. 北京：人民邮电出版社，2008.

[3] 冯昊. ASP 动态网页设计与应用 [M]. 2 版. 北京：清华大学出版社，2013.

[4] 陈朋，刘欣. Dreamweaver CS6 + ASP 入门经典 [M]. 北京：机械工业出版社，2013.

[5] 王焕杰. ASP 动态网页设计与应用 [M]. 北京：电子工业出版社，2014.

[6] 宋先斌，何在玉. Web 应用开发技术 [M]. 北京：人民邮电出版社，2005.

[7] 谢英辉. HTML + CSS + JavaScript 网页客户端程序设计 [M]. 北京：电子工业出版社，2014.

[8] 张熠. 零基础学 HTML + CSS [M]. 3 版. 北京：机械工业出版社，2014.

[9] 吴代文. 网页设计基础与实训 [M]. 2 版. 北京：清华大学出版社，2014.

冶金工业出版社部分图书推荐

书　名	作　者	定价(元)
现代企业管理（第2版）（高职高专教材）	李　鹰	42.00
Pro/Engineer Wildfire 4.0（中文版）钣金设计与　焊接设计教程（高职高专教材）	王新江	40.00
Pro/Engineer Wildfire 4.0（中文版）钣金设计与　焊接设计教程实训指导（高职高专教材）	王新江	25.00
应用心理学基础（高职高专教材）	许丽遐	40.00
建筑力学（高职高专教材）	王　铁	38.00
建筑 CAD（高职高专教材）	田春德	28.00
冶金生产计算机控制（高职高专教材）	郭爱民	30.00
冶金过程检测与控制（第3版）（高职高专教材）	郭爱民	48.00
天车工培训教程（高职高专教材）	时彦林	33.00
机械制图（高职高专教材）	阎　霞	30.00
机械制图习题集（高职高专教材）	阎　霞	28.00
冶金通用机械与冶炼设备（第2版）（高职高专教材）	王庆春	56.00
矿山提升与运输（第2版）（高职高专教材）	陈国山	39.00
高职院校学生职业安全教育（高职高专教材）	邹红艳	22.00
煤矿安全监测监控技术实训指导（高职高专教材）	姚向荣	22.00
冶金企业安全生产与环境保护（高职高专教材）	贾继华	29.00
液压气动技术与实践（高职高专教材）	胡运林	39.00
数控技术与应用（高职高专教材）	胡运林	32.00
洁净煤技术（高职高专教材）	李桂芬	30.00
单片机及其控制技术（高职高专教材）	吴　南	35.00
焊接技能实训（高职高专教材）	任晓光	39.00
心理健康教育（中职教材）	郭兴民	22.00
起重与运输机械（高等学校教材）	纪　宏	35.00
控制工程基础（高等学校教材）	王晓梅	24.00
固体废物处置与处理（本科教材）	王　黎	34.00
环境工程学（本科教材）	罗　琳	39.00
机械优化设计方法（第4版）	陈立周	42.00
自动检测和过程控制（第4版）（本科国规教材）	刘玉长	50.00
金属材料工程认识实习指导书（本科教材）	张景进	15.00
电工与电子技术（第2版）（本科教材）	荣西林	49.00
计算机网络实验教程（本科教材）	白　淳	26.00
FORGE 塑性成型有限元模拟教程（本科教材）	黄东男	32.00